Hartmut Wellstein | Peter Kirsche

Elementargeometrie

Moritz Adelmeyer und Elke Warmuth
Finanzmathematik für Einsteiger

Ilka Agricola und Thomas Friedrich
Elementargeometrie

Andreas Bartholomé, Josef Rung und Hans Kern
Zahlentheorie für Einsteiger

Peggy Daume
Finanzmathematik im Unterricht

Hans-Joachim Gorski und Susanne Müller-Philipp
Leitfaden Arithmetik

Susanne Müller-Philipp und Hans-Joachim Gorski
Leitfaden Geometrie

Stephan Hußmann und Brigitte Lutz-Westphal
Kombinatorische Optimierung erleben

Peter Kirsche
Einführung in die Abbildungsgeometrie

Ingmar Lehmann und Wolfgang Schulz
Mengen – Relationen – Funktionen

Kurt Peter Müller
Raumgeometrie

Manfred Nitzsche
Graphen für Einsteiger

www.viewegteubner.de

Hartmut Wellstein | Peter Kirsche

Elementargeometrie

Eine aufgabenorientierte Einführung

STUDIUM

**VIEWEG+
TEUBNER**

Bibliografische Information der Deutschen Nationalbibliothek
Die Deutsche Nationalbibliothek verzeichnet diese Publikation in der
Deutschen Nationalbibliografie; detaillierte bibliografische Daten sind im Internet über
<http://dnb.d-nb.de> abrufbar.

Prof. Dr. Hartmut Wellstein
Bauernpfad 17
97084 Würzburg

E-Mail: Hartmut.Wellstein@T-Online.de

Priv. Doz. Dr. Peter Kirsche
Universitätsstr. 10
86135 Augsburg

E-Mail: kirsche@math.uni-augsburg.de

Dieses Werk ist ein Teil der Reihe Mathematik-ABC für das Lehramt
(herausgegeben von Prof. Dr. St. Deschauer, Prof. Dr. K. Menzel, Prof. Dr. K. P. Müller.)

1. Auflage 2009

Alle Rechte vorbehalten
© Vieweg+Teubner | GWV Fachverlage GmbH, Wiesbaden 2009

Lektorat: Ulrike Schmickler-Hirzebruch | Nastassja Vanselow

Der Vieweg+Teubner Verlag ist ein Unternehmen von Springer Science+Business Media.
www.viewegteubner.de

Umschlaggestaltung: KünkelLopka Medienentwicklung, Heidelberg
Druck und buchbinderische Verarbeitung: Krips b.v., Meppel
Gedruckt auf säurefreiem und chlorfrei gebleichtem Papier.

ISBN 978-3-8348-0856-1

Vorwort

Warum ist es schwierig, ein Buch über Elementargeometrie für die Lehramtsausbildung zu schreiben?

Am Umfang dieses Gebiets allein liegt es nicht – unübersehbar groß sind auch andere Gebiete! Ein Grundproblem liegt vielmehr darin, dass die Anschauung zugleich hilft und hindert. Einerseits unterstützt sie textliche Beschreibungen von Figuren, andererseits täuscht sie durch den Augenschein die Gültigkeit eigentlich beweisbedürftiger Eigenschaften von Figuren vor.

Ein streng axiomatischer Zugang, der den Augenschein ausschließt, verbietet sich für unseren Zweck wegen des langwierigen Aufstiegs aus der Ebene der Axiome auf die Höhen der "interessanten" Sätze, die hier aber nicht als eisige Gipfel, sondern als sanfte Kuppen vorzustellen sind. Immerhin soll in diesem Buch wenigstens eine Vorstellung davon erweckt werden, auf welchen Grundannahmen (Axiomen) die Elementargeometrie aufbaut.

In Kapitel 1 werden diese Gedanken noch näher ausgeführt. Dazu kommen Bemerkungen über das Konstruieren mit Zirkel und Lineal und die Problematik der Bezeichnungen.

In Kap. 2 beginnt der Aufbau aus Axiomen, wobei gewisse Aussagen, die in einem strengen Aufbau Sätze (also beweisbar) sind, aus pragmatischen Gründen in den Rang von Axiomen erhoben werden. Zentraler Inhalt ist der Kongruenzbegriff.

Der Inhalt von Kapitel 3 sollte (mit dem von Kapitel 7) noch am besten aus dem Schulunterricht erinnert werden. Es handelt sich um die, wie man früher sagte, besonderen Punkte und Linien am Dreieck sowie den Satz des THALES und den Umfangswinkelsatz.

In Kapitel 4 werden Ähnlichkeit und Strahlensätze behandelt. Während in Kapitel 2 die Kongruenz ohne den Abbildungsbegriff eingeführt wurde, wird hier die zentrische Streckung benutzt. Der Gewinn dieses Methodenwechsels ist die Anschaulichkeit und Kürze.

Kapitel 5 beginnt mit einer Formenlehre des Vierecks. Ein wichtiges Ziel ist die Förderung des Vorstellungsvermögens. Wie kläglich ist es, wenn das Viereck mit dem Rechteck identifiziert wird! In den Abschnitten über Sehnen- und Tangentenvierecke wird großer Wert darauf gelegt, Sätze so auszusprechen, dass die Voraussetzung und die daraus gefolgerte Aussage klar unterscheidbar sind. Die oft zu lesende Formulierung "Im Sehnenviereck ergänzen sich Gegenwinkel zu 180°" ist gewiss kurz und elegant, aber sie erfüllt diese Forderung nicht.

Kapitel 6 beschäftigt sich mit dem Teilverhältnis. Eine vielleicht ungewöhnliche Betonung findet der Begriff des Schwerpunkts: Die kraftvolle Idee des ARCHIMEDES von den schwerpunktneutralen Verlagerungen von Massen wird wenigstens angedeutet. Kapitel 7 enthält den zentralen und auch außerhalb der Elementargeometrie unentbehrlichen Satz des PYTHAGORAS und verwandte Sätze. Dazu muss der Flächeninhalt eingeführt werden. Auf eine axiomatische Begründung dieses Begriffs wurde aus gutem Grund verzichtet.

In Kapitel 8 wird betont kurz das Notwendigste zur Trigonometrie eingeführt. Es ist ja zu erwarten, dass die Leserinnen und Leser hier Grundwissen besitzen. Die folgenden Anwendungen der Trigonometrie dürften allerdings dann neu sein. Höhe- und Schlusspunkt ist die Formel von BRAHMAGUPTA, deren Beweis eine glückliche Symbiose zwischen geometrischen und algebraischen Methoden zeigt.

Das umfangreiche Kapitel 9 enthält die meist ausführlichen Lösungen der Aufgaben. Nur sehr einfache Aufgaben werden mit einem Hinweis erledigt.

Erfahrungsgemäß stellt sich für Studienanfänger die Elementargeometrie als blinder Fleck der Schulmathematik dar. Das in der Mittelstufe erworbene Wissen in Geometrie ist überformt durch die eher algorithmisch ausgerichtete Analytische Geometrie und Lineare Algebra, wo geometrische Grundfiguren wie das Dreieck nur am Rande vorkommen und synthetische (d. h. auf der Analyse von Figuren basierende) Beweise keine Rolle spielen. Die Beweise elementargeometrischer Sätze finden anders als in den genannten Gebieten nicht durch Anwendung von Rechenverfahren statt. Auf diese Umorientierung muss sich der Studienanfänger einstellen.

Die Autoren wünschen mit großem Ernst, dass die Leserinnen und Leser durch dieses Buch Sicherheit in den Begriffen und Methoden und einen Eindruck von der Vielfalt und Schönheit der Elementargeometrie gewinnen mögen.

Friedberg und Würzburg, April 2009   Peter Kirsche und Hartmut Wellstein

Inhalt

1 Einführung

1. Elementargeometrie, die Keimzelle der Mathematik

In der Elementargeometrie prägte sich das fundamentale Charakteristikum der Mathematik aus: der mit logischen Mitteln gesicherte Aufstieg von einfachen, klar umrissenen Feststellungen zu immer komplexeren Aussagen. Die Elementargeometrie ist damit Keimzelle der Mathematik, so breit diese sich nachher auch entfaltete.

Das Gründungsdokument der Elementargeometrie sind die "Elemente" des griechischen (genauer: hellenistischen) Mathematikers EUKLID (etwa 365 – 300), der in Alexandria forschte und lehrte. In diesem Werk werden die Erkenntnisse älterer griechischer Mathematiker systematisch dargestellt, verbunden und ergänzt. Hier ist nicht der Platz, den Fortgang der Elementargeometrie auch nur anzureißen. Es muss genügen, mit DAVID HILBERTs (1862 – 1943) Werk "Grundlagen der Geometrie" einen Schlussstein zu nennen. Die Elementargeometrie löst sich damit endgültig aus der Fessel der Anschauung. Die alten Begriffe bleiben zwar als Worte erhalten, beschreiben aber nicht mehr den Anschauungsraum.

Im Mathematikunterricht war die Elementargeometrie noch vor etwa 50 Jahren ein im Geiste EUKLIDs gelehrtes Gebiet. Man muss zugestehen, dass zahlreiche Schülerinnen und Schüler mit diesem Gebäude von Sätzen unterschiedlicher Hierarchiestufe und der Tätigkeit des Beweisens überfordert waren. (Das dem Beweisen vorgelagerte und erst die Essenz der Mathematik ausmachende Finden "aussichtsreicher" Vermutungen lag ohnehin außerhalb der Reichweite.)

So dürfte zu erklären sein, dass sich in der Oberstufe des Gymnasiums die Analytische Geometrie in Verbindung mit Linearer Algebra durchgesetzt hat. In der dortigen Form wartet sie mit Algorithmen auf, die es abzuarbeiten gilt. Vom Standpunkt der Geometrie aus ist sie mit der rechnerischen Bestimmung der gegenseitigen Lage von Punkten, Geraden und Ebenen inhaltsarm. Unglücklicherweise überdeckt sie das in der Mittelstufe erworbene Wissen über Elementargeometrie und diskreditiert deren Verfahrensweisen.

2. Axiome und Sätze

Die Grundlage der Elementargeometrie bildet ein System von Axiomen. Axiome sind Aussagen, über die Konsens unterstellt wird und die somit der Beweispflicht enthoben sind. Das Axiomsystem, auf dem EUKLIDs Werk basiert, enthält unterschiedliche Arten von Axiomen: Zunächst werden die Basisobjekte der Elementargeometrie erklärt. Nehmen wir die Warte des modernen Besserwissers ein, erscheinen uns diese Erklärungen unergiebig. Sie greifen auf physikalische Vorstellungen zurück oder verwenden Begriffe, die ihrerseits der Erklärung bedürfen. Drei Beispiele sollen dies belegen:

Ein Punkt ist, was keine Teile hat.
Eine Linie ist eine breitenlose Länge.
Eine gerade Linie (Strecke) ist eine solche, die zu den Punkten auf ihr gleichmäßig liegt.

Diese Axiome spielen aber in den Beweisen keine Rolle; sie können als Kodifizierung des Anschauungsraums angesehen werden.

Weitere Axiome enthalten Begriffsdefinitionen, die als Abkürzungen verstanden werden können. So wird beispielsweise der Kreis (etwas verkürzt gesagt) mithilfe von Mittelpunkt und Radius erklärt. Der Kreis ist also ein abhängiges Objekt.

Für den Aufbau der Elementargeometrie maßgebend sind diejenigen Axiome, in denen Aussagen über die gegenseitige Beziehung der Objekte getroffen werden. Beispiele dafür sind:

Gefordert soll sein:

Dass man von jedem Punkt nach jedem Punkt die Strecke ziehen kann.

Dass man mit jedem Mittelpunkt und jedem Abstand (Radius, d. A.) den Kreis zeichnen kann.

Dass alle rechten Winkel einander gleich sind.

Bemerkenswerterweise erklärt EUKLID auch Eigenschaften von Relationen wie Gleichheit und "größer als".

Das Axiomsystem von HILBERT enthält keine Erklärungen über die Art der Objekte, sondern nur noch Aussagen über deren gegenseitige Beziehungen.

Das Parallelenaxiom wurde schon von EUKLID formuliert. Eine gängige, der originalen Fassung äquivalente Fassung lautet: Zu jeder Geraden g und jedem Punkt P, der nicht auf dieser Geraden liegt, gibt es genau eine Gerade, die durch P geht und g nicht schneidet. Zahlreiche Mathematiker nach EUKLID haben höchst geistreiche Anstrengungen unternommen, diese Aussage aus den anderen Axiomen zu folgern oder wenigstens zum Parallelenaxiom äquivalente Aussagen zu finden. Die Versuche, die Abhängigkeit zu beweisen, fanden ihr Ende, als CARL FRIEDRICH GAUSS (1777 – 1855), JANOS BOLYAI (1802 – 1860) und NIKOLAI LOBATSCHEWSKI (1793 – 1856) darlegten, dass es Geometrien gibt, die den Euklidischen Axiomen mit Ausnahme des Parallelenaxioms genügen. Es gibt also "Nicht-euklidische Geometrien". Mit dieser Erkenntnis war die Grundlage für die Auffassung von der Mathematik als formaler Wissenschaft gelegt.

Das Parallelenaxiom lässt sich also aus den übrigen Axiomen von EUKLID oder HILBERT nicht folgern. Eine entsprechende Forderung wird man an alle Axiome eines Systems erheben. Aussagen, die sich aus den Axiomen folgern lassen, heißen Sätze.

Sätze sind Aussagen von der logischen Form der Folgerung: Aus einer Voraussetzung folgt eine Behauptung. Zum Beweis schließt man, von der Voraussetzung ausgehend, aufgrund von Axiomen und schon bewiesenen Sätzen auf die Behauptung.

Der sprachlichen Glätte wegen wird das etwas sperrige "wenn, dann"-Muster oft geglättet. Das kann zu Formulierungen wie "Im rechtwinkligen Dreieck gilt $a^2 + b^2 = c^2$" führen. Von der oberflächlichen Verwendung der Variablennamen abgesehen hat diese Form den Mangel, dass sie zwischen Voraussetzung und Behauptung nicht klar unterscheidet und auch die (gültige!) Äquivalenz nicht unmissverständlich ausdrückt.

Am Satz des PYTHAGORAS sei noch eine andere Schwachstelle der Beweistechnik verdeutlicht: Angenommen, er sei so formuliert: "Ein Dreieck ist genau dann rechtwinklig bei C, wenn (mit der üblichen Bezeichnung) $a^2 + b^2 = c^2$ gilt." Im ersten Teil des Beweises wird aus der Rechtwinkligkeit auf die Gültigkeit der Formel geschlossen. Die umgekehrte Schlussrichtung wird nun häufig wie in einem bedingten Reflex als Widerspruchsbeweis angelegt. Also: Gilt die Formel nicht, ist das Dreieck nicht rechtwinklig. Oft ist aber der direkte Beweis leicht zu führen, und man sollte immer versuchen, diesen Weg zu gehen.

3. Bezeichnungen und Formalisierung

Eine Schwierigkeit der Elementargeometrie liegt in der Symbolik. Eine Formalisierung, wie sie für die Algebra typisch ist, lässt sich in einem Lehrbuch wie dem vorliegenden nicht leisten und wäre auch dem Ziel abträglich. Entgegen der laienhaften Einschätzung ist es durchaus zulässig, Klartext zu verwenden. Es ist viel einfacher, vom "Dreieckswinkel bei V" zu sprechen als etwa ein Symbol "$\angle QVS$" zu verwenden, für dessen Verständnis man in der Figur mühsam die Punkte Q, V und S suchen muss.

So bedenklich es ist, Winkel und Winkelmaße gleich zu bezeichnen, so konnte dieser Vereinfachungsmöglichkeit doch nicht widerstanden werden.

Gewisse Prinzipien beim Bezeichnen sind hilfreich und wurden nach Möglichkeit befolgt. Am wichtigsten ist das zyklische Bezeichnungsmuster. Die Geraden durch die drei Punkte A, B und C heißen AB, BC und CA, also nicht AC. Hat man, um ein komplexeres Beispiel zu bringen, für die Länge e der Diagonale $\overline{AC}$ eines Sehnenvierecks die

Formel $e^2 = \dfrac{(ac + bd)(ad + bc)}{ab + cd}$ hergeleitet, so bekommt man für die Länge f der Diago-

nalen $\overline{BD}$ durch Ausführen der zyklischen Permutation (abcd) die Formel

$f^2 = \dfrac{(bd + ca)(ba + cd)}{bc + da}$, in der man natürlich nachträglich die alphabetische Reihenfol-

ge herstellen kann. Diese "formale Symmetrie" (ein Begriff, den vermutlich MICHAEL NEUBRAND geprägt hat) erspart zeitraubende Verdopplungen von Beweisen. In vielen Fällen hilft die formale Symmetrie auch, Fallunterscheidungen zu reduzieren. Eine Aussage, in der beispielsweise Seitenlängen a, b, c in gleichartiger Form vorkommen, muss nur für den Fall $a \leq b \leq c$ bewiesen werden. Eine solche Zusatzbedingung schränkt die Allgemeinheit einer Aussage nicht ein; sie darf also ohne Schaden getroffen werden. Dies wird durch die Wendung "o. B. d. A." (ohne Beschränkung der Allgemeinheit) mitgeteilt.

4. Konstruieren

Die klassischen Konstruktionsgeräte sind das Lineal und der Zirkel. Mit dem Lineal werden Geraden konstruiert. Dabei kann gefordert werden, dass die Gerade durch einen gegebenen Punkt oder durch zwei gegebene Punkte geht. Das Lineal trägt keine Skala. Mit dem Zirkel kann man einen Kreis um einen gegebenen Punkt konstruieren und eine gegebene Strecke von einem Punkt aus auf einer durch diesen Punkt gehenden Geraden in gegebener Richtung abtragen.

Mit diesen Instrumenten lassen sich Grundkonstruktionen ausführen, beispielsweise kann man die Mittelsenkrechte einer Strecke herstellen. Es ist auch möglich, alle rationalen Vielfachen und gewisse irrationale Vielfache gegebener Strecken zu konstruieren. Die Konstruktion von Winkeln unterliegt stärkeren Einschränkungen.

Um in den Vorgaben von Strecken und Winkeln für Konstruktionsaufgaben nicht zu stark behindert zu sein und Grundkonstruktionen allzu häufig ausführen zu müssen, erklären wird es für zulässig, mit Hilfe des skalierten Lineals, des Winkelmessers und des Geodreiecks Strecken und Winkel abzutragen und Senkrechte zu errichten. (Das gilt natürlich nicht, wenn eine Aufgabe die Verwendung von Lineal und Zirkel allein explizit verlangt.) Die im Prinzip ebenso erlaubte Konstruktionsunterstützung der Spiegelung durch das Geo-Dreieck wird in der Elementargeometrie nicht zwingend benötigt.

Die Beschränkung auf Lineal und Zirkel bringt Methodenreinheit in die Elementargeometrie. Sie wirft beispielsweise die Frage auf, welche regelmäßigen Vielecke auf diese Weise konstruierbar sind. Die Antwort hat CARL FRIEDRICH GAUSS gegeben. Sie kann hier nicht wiedergegeben werden; es sei nur gesagt, dass beispielsweise das regelmäßige Siebzehneck konstruierbar ist, nicht aber das Siebeneck und auch nicht das Neuneck. (Im Schulunterricht wird gelegentlich der Auftrag erteilt, das regelmäßige Neuneck zu "konstruieren". Dieser ist also im strengen Sinn unerfüllbar. Es hilft hier nicht, dass der Mittelpunktswinkel von 40° ein Teiler des Vollwinkels ist!)

Übrigens kannte die altgriechische Elementargeometrie durchaus auch andere Geräte, jedenfalls in der Idee. Damit war dann beispielsweise auch die Kreisquadratur, also die Konstruktion eines zum Flächeninhalt eines gegebenen Kreises flächengleichen Quadrats möglich. Mit Lineal und Zirkel ist sie unmöglich. Diese Erkenntnis ist angesichts des hohen Alters der Elementargeometrie erstaunlich jung. Sie stammt von FERDINAND LINDEMANN (1852 – 1939).

Man hat sogar darüber nachgedacht, welche Konstruktionen noch ausführbar sind, wenn nur ein Lineal oder nur ein Zirkel oder zum Lineal nur ein Zirkel mit fester Öffnung zur Verfügung stehen.

Auch Dynamische Geometrie-Systeme (DGS) beschränken sich i. w. auf Konstruktionen mit Lineal und Zirkel. Für Grundkonstruktionen bieten sie abkürzende Unterprogramme an.

Der Glaube an die didaktische Wunderwirkung der DGS für den Schulunterricht ist abgeklungen. Aber auch bei nüchterner Betrachtung bieten DGS gute Hilfen an und erlauben, Figuren durch Verziehen zu erforschen. Höchst nützlich sind sie zur Herstellung von Materialien für die Schule.

5. Der Inhalt

Das zentrale Problem eines Lehrbuchs der Elementargeometrie ist: Wo endet der Bereich der anschaulich akzeptablen Aussagen, die für nicht beweisbedürftig (also de facto für Axiome) erklärt werden, wo beginnt der Bereich der Beweisbedürftigkeit? Die Frage für die Lernenden lautet immer wieder: Welche Aussagen darf ich benutzen? Die Gleichheit zweier Scheitelwinkel wird jedermann ohne Bedenken akzeptieren, bei der Äquivalenz von Parallelität und Stufenwinkelgleichheit fängt der Zweifel an, die Schnittpunkteigenschaft der Mittelsenkrechten des Dreiecks wird niemand als selbstverständlich hinnehmen. Die Herleitung "interessanter" Sätze aus den Axiomen allein ist aber ein entsagungsvoller und für Nicht-Spezialisten zu langer Weg. Kompromisse sind nötig. Das Buch bemüht sich, im Grundlagen-Kapitel eine Idee von der axiomatischen Begründung zu vermitteln. Es wird jedoch keines der etablierten Axiomsysteme explizit zugrunde gelegt. Stattdessen werden gewisse "einsichtige" Aussagen pragmatisch zu Axiomen erhoben.

Figuren stützen die Vorstellung, erwecken aber gelegentlich auch Vorurteile. Das häufigste Vorurteil, nämlich das über die Anordnung von Punkten auf Geraden, wird immer wieder hinterfragt.

Ein anderer Schwerpunkt ist die Erforschung der Formenvielfalt. Viele Konfigurationen einfacher Elemente werden auch mit kombinatorischem Aspekt untersucht.

Es kann nicht sein, dass eine zukünftige Lehrkraft unter "Viereck" gedankenlos das Rechteck versteht. Die Erarbeitung einer Aussage über das Dreieck darf nicht am gleichseitigen Dreieck ansetzen, und neben spitzwinkligen gibt es auch stumpfwinklige Dreiecke. Diese haben sogar Vorteile: Man kann sie so bemessen, dass der Verdacht auf Symmetrie gar nicht erst aufkommt.

Eine weitere Frage, die jedes Lehrbuch zur Elementargeometrie anders beantwortet, ist der vermittelte Ausschnitt aus dem Kontinent Elementargeometrie. Unentbehrlich sind natürlich Ähnlichkeit und der Satz des PYTHAGORAS mit seinen Verwandten. Nicht zwingend, aber wohl erwogen, ist die Behandlung des Teilverhältnisses. Die Behandlung von Schwerpunkten verschiedenen Typs führt in ein weniger begangenes Gebiet. Im Kapitel "Trigonometrie" geht es nicht in erster Linie um den rechnenden Nachvollzug der Dreieckskonstruktionen, sondern um geometrisch interessante Sätze wie den des PTOLEMAIOS. Gewiss haben diese mit Schulwissen nichts mehr zu tun, aber Elementargeometrie ist eben auch mehr als die Hintergrundwissenschaft für ein Gebiet der Schulmathematik.

Die zahlreichen Aufgaben sind ein unentbehrlicher Bestandteil des Buchs. Neben Routine-Aufgaben, die unmittelbar auf Sätze zugreifen, finden sich zahlreiche Aufgaben, in denen Erfindungsgabe gefragt ist. Deshalb sind die Lösungen auch recht ausführlich gehalten. In der Regel ist es sinnlos, ja schädlich, eine Aufgabe zu lesen und sofort die Lösung nachzuschlagen. Dem wird durch eine gewisse Zurückhaltung in der Anzahl der Grafiken entgegengewirkt. Ohne eine anlegte Skizze kann man von einer ernsthaften Bemühung nicht sprechen. Manche Aufgaben verlangen nur den Nachvollzug bekannter Konstruktionen. In solchen Fällen beschränkt sich die Lösung darauf, eine der zu konstruierenden Größen mitzuteilen. In solchen Angaben wird stets das Gleichheitszeichen verwendet. Ohne dies zum Thema machen zu können, gibt es Aufgaben, in denen statt eines Wildwuchses von Näherungswerten auf Ganzzahligkeit Wert gelegt wird.

In manchen Aufgaben wird auf frühere Aufgaben zurückgegriffen. Aufgaben mit offenkundiger Lösung werden im Lösungsteil übergangen.

2   Grundbegriffe und Grundkonstruktionen

2.1   Punkte und Geraden

Punkte A, B, C, ... und Geraden g, h, i, ... sind durch drei grundlegende Beziehungen verknüpft:

(1) Zwei Punkte A, B liegen auf genau einer Geraden, bezeichnet mit AB.

(2) Auf jeder Geraden liegen mindestens zwei Punkte.

(3) Es gibt mindestens drei Punkte, die nicht auf derselben Geraden liegen.

Daraus folgt sofort, dass zwei Geraden höchstens einen gemeinsamen Punkt (Schnittpunkt) haben können. Zwei Geraden g, h ohne Schnittpunkt heißen **parallel**. Zweckmäßig legt man noch fest, dass jede Gerade zu sich selbst parallel sein soll. Mit dem Relationszeichen „∥" gilt also:

g ∥ h ⇔ g und h haben keinen Schnittpunkt oder stimmen überein.

Übereinstimmung ist genauer so zu verstehen: Die Namen g und h bezeichnen dieselbe Gerade. Mit der knappen (und für den Laien kontroversen) Sprechweise „Zwei Geraden sind parallel, wenn sie sich nicht schneiden oder gleich sind" meint man natürlich nicht, zwei Geraden könnten auch eine einzige Gerade sein. Eine einzige Gerade kann verschiedene Namen haben, aber ein einziger Name kann nur eine einzige Gerade bezeichnen.

Zu jeder Geraden g und zu jedem Punkt P, der nicht auf g liegt, gibt es genau eine Parallele durch P. Diese Feststellung, das **Parallelenaxiom**, entspringt einer idealisierten Anschauung und wird als Axiom gewertet.

Satz 2.1: Gilt g ∥ h und h ∥ i, so gilt auch g ∥ i.

Beweis: Falls g = h oder h = i, ist die Behauptung erfüllt. Gilt weder g = h noch h = i, haben weder g und h noch h und i einen Schnittpunkt. Damit lässt sich die Annahme g ∦ i widerlegen: Es gäbe dann einen Schnittpunkt P von g und i, der aber nicht auf h liegt. Durch P gingen dann im Widerspruch zum Parallelelenaxiom zwei Parallelen zu h.

Die Relation „Parallelität" ist also transitiv. Da sie nach Definition auch reflexiv und symmetrisch ist, handelt es sich um eine Äquivalenzrelation. Jede Äquivalenzklasse, also das gemeinsame Merkmal paralleler Geraden, ist eine **Richtung**.

Die Punkte auf einer Geraden liegen geordnet. Auf beiden Seiten eines jeden Punkts A und zwischen je zwei Punkten A und B gibt es auf g mindestens einen weiteren Punkt (Fig. 2.1.1). Damit enthält jede Gerade unendlich viele Punkte.

Jede Gerade zerlegt die Ebene in zwei **Halbebenen**. Zwischen zwei Punkten einer Halbebene liegt kein Punkt der Trennlinie g, wohl aber zwischen zwei Punkten in verschiedenen   Halbebenen   (Fig.   1.1.2).

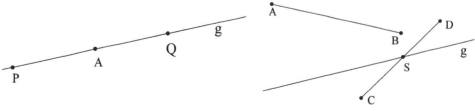

Fig. 2.1.1   Fig. 2.1.2

Bemerkung: Die Forderung, zwischen je zwei Punkten solle mindestens ein weiterer liegen, schließt „Lücken" zwischen den Punkten (wie beispielsweise bei den rationalen Zahlen auf der Zahlengeraden) nicht aus. Um eine 1-1-Beziehung zwischen Punkten und reellen Zahlen herzustellen, braucht man noch das sog. Vollständigkeitsaxiom. Wir gehen darauf nicht weiter ein.

Aufgabe 2.1.1: n Punkte liegen allgemein, wenn stets drei Punkte nicht auf einer Geraden liegen, und n Geraden liegen allgemein, wenn sich jede Gerade mit jeder schneidet, durch jeden Schnittpunkt aber nur zwei Geraden gehen.
a) Wie viele Verbindungsgeraden haben n Punkte in allgemeiner Lage?
b) Wie viele Schnittpunkte haben n Geraden in allgemeiner Lage?

Aufgabe 2.1.2: In einem Koordinatensystem seien die Geraden $g_i : y = i(x - i)$, $i \in \mathbb{N}$, gegeben. Zeichnen Sie einige dieser Geraden. Berechnen Sie den Schnittpunkt S_{ij} der Geraden g_i und g_j und beweisen Sie, dass sich die Geraden in allgemeiner Lage (vgl. Aufgabe 2.1.1) befinden.
Hinweis: Nehmen Sie an, S_{ij} liege auf g_k. Bestimmen Sie dann k.

Aufgabe 2.1.3: Betrachten Sie 2, 3, 4, ..., 12 Geraden, die sich auf zwei Richtungen verteilen. Welche Anzahlen von Schnittpunkten sind möglich? Wie viele Schnittpunkte können bei drei Richtungen auftreten?

Aufgabe 2.1.4: Unterdrücken Sie jetzt Ihre anschauliche Vorstellung von Geraden! Geraden könnten geschlossen sein, also kreisartig. Gegen welche Eigenschaft einer sinnvollen Beziehung „zwischen" würden solche Geraden verstoßen?

Aufgabe 2.1.5: Wir verfremden die Begriffe „Punkt" und „Gerade" und die Beziehung „Ein Punkt liegt auf einer Geraden": Die Zahlen 2, 3, 5, 7 seien die Punkte, die Zahlen 6, 10, 14, 15, 21, 35 seien die Geraden, und ein Punkt liege genau dann auf einer Geraden, wenn die den Punkt kennzeichnende Zahl ein Teiler der Zahl ist, die die Gerade kennzeichnet. Welche Punkte liegen auf welchen Geraden? Welche Geraden sind zueinander parallel?
Untersuchen Sie, ob die Beziehungen (1), (2) und (3) erfüllt sind.
Ist das Parallelenaxiom erfüllt?

Aufgabe 2.1.6: Sie haben das Prinzip der vorigen Aufgabe verstanden. Betrachten Sie nun analog fünf Punkte und die entsprechenden Geraden. Sind die Beziehungen (1), (2) und (3) erfüllt, ist das Parallelenaxiom erfüllt?

Aufgabe 2.1.7: Die grenzenlose Ebene ist eine Idealisierung. Reale Zeichnungen liegen auf dem Zeichenblatt. Interpretieren Sie den Begriff „Gerade" als denjenigen Teil der Geraden, der auf das Blatt passt. Nur Schnittpunkte auf dem Blatt zählen. Welche der Eigenschaften (1), (2), (3) sind in diesem „Zeichenblattmodell" erfüllt? Ist das Parallelenaxiom erfüllt? (Fig. 2.1.3)

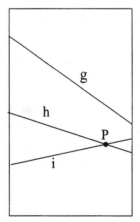

Fig. 2.1.3

2.2 Strecken

Die **Strecke** $\overline{AB}$, die die Punkte A und B verbindet, besteht aus den Endpunkten A, B und den dazwischen liegenden Punkten der Verbindungsgeraden AB. Eine Strecke hat keine Richtung; zwischen $\overline{AB}$ und $\overline{BA}$ wird also nicht unterschieden.

Strecken werden durch Vergleich mit einer (beliebig festgelegten) Einheitsstrecke mit Länge e gemessen. Die Strecke $\overline{AB}$ in Fig. 2.2.1 hat die Länge 3e. In Fig. 2.2.2 ist $\overline{AC}$ doppelt so lang wie $\overline{AB}$ und hat die Länge 3e. Die Strecke $\overline{AB}$ hat also die Länge $\dfrac{3}{2}$ e .

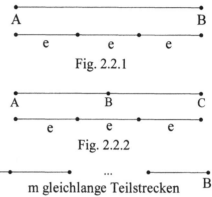

Fig. 2.2.1

Fig. 2.2.2

Mit der Bezeichnung $|AB|$ für die **Streckenlänge** gilt für die Strecke $\overline{AB}$ in Fig. 2.2.3 die Gleichung

$m\,|AB| = ne$, also $|AB| = \dfrac{m}{n}$ e .

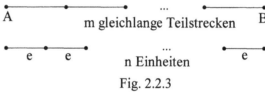

Fig. 2.2.3

Auf diese Weise lassen sich alle Strecken messen, deren Länge ein rationales Vielfaches von e ist. Wenn die Einheit keine Rolle spielt, kann das Zeichen e auch weggelassen werden.

Streckenlängen werden kurz mit a, b, ... bezeichnet. Es ist bequem, auch die Strecken selbst so zu bezeichnen. Schreibt man aber c für $\overline{AB}$ und c' für $\overline{A'B'}$, so bedeutet c = c' nur die Längengleichheit $|AB| = |A'B'|$, nicht die „Lagegleichheit" $\overline{AB} = \overline{A'B'}$.

Nicht alle Streckenlängen sind rationale Vielfache einer gegebenen Einheit e. Jeder Strecke lässt sich aber durch Grenzwertbildung eine Länge r·e mit einer reellen Zahl r zuordnen, und umgekehrt gibt es zu jeder reellen Zahl r eine Strecke mit der Länge r·e.

$|AB|$ bezeichnet auch die **Entfernung** zwischen den Punkten A und B.

Verlängert man die Strecke $\overline{AB}$ unbegrenzt über B hinaus, entsteht die **Halbgerade** AB⁺.

Strecken lassen sich auf unterschiedlichen Exaktheitsstufen **konstruieren**. Die Grundaufgabe lautet: Trage die zeichnerisch gegebene Strecke $\overline{AB}$ auf der Halbgeraden CD⁺ von C aus ab! Das leistet der Zirkel in den Schritten „Abgreifen, Transportieren, Abtragen". Diese Konstruktion ist theoretisch (also bis auf Realisierungsmängel) exakt.

Mit einem skalierten Lineal lassen sich Streckenlängen wie $\dfrac{5}{7}$ cm oder $\sqrt{2}$ cm nur näherungsweise abtragen. In Konstruktionsaufgaben werden statt Strecken oft nur ihre Längen gegeben, und dann bevorzugt als natürliche Zahlen mit Einheit.

Aufgabe 2.2.1: Wie viele Strecken und Halbgeraden werden durch n Punkte auf einer Geraden abgegrenzt? Überschneidungen sind hier zulässig.

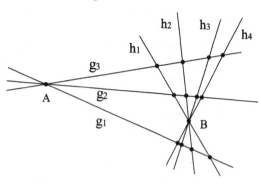

Aufgabe 2.2.2: Durch einen Punkt A gehen die m Geraden g_1, g_2, ..., g_m und durch einen Punkt B die n Geraden h_1, h_2, ..., h_n. Keine der Geraden g_i geht durch B, keine der Geraden h_j geht durch A, und jede der Geraden g_i schneidet jede der Geraden h_j. Fig. 2.2.4 zeigt eine Konfiguration mit m = 3 und n = 4. In wie viele Strecken und Halbgeraden insgesamt werden die Geraden zerlegt?

Fig. 2.2.4

Aufgabe 2.2.3: Die in Aufgabe 2.2.2 beschriebenen Geraden zerlegen die Ebene in Gebiete. Manche Gebiete haben einen geschlossenen Rand, andere erstrecken sich ins Unendliche. Wie viele Gebiete entstehen insgesamt? Wie viele erstrecken sich ins Unendliche?

Hinweise: In Fig. 2.2.4 gibt es 11 Gebiete mit geschlossenem Rand und 14 Gebiete, die sich ins Unendliche erstrecken. Bestimmen Sie zunächst die Anzahl $a_{m,0}$ der Gebiete, die von m Geraden g_1, g_2, ... g_m allein erzeugt werden. Fügen Sie dann die Gerade h_1 hinzu und bestimmen Sie die Anzahl $a_{m,1}$. Erhöhen Sie dann n schrittweise.

Aufgabe 2.2.4: a) Welche Streckenlängen kann man durch Aneinanderlegen von Strecken mit den Längen $e_1 = 2$ und $e_2 = 5$ bekommen? (Es ist auch erlaubt, nur eine Strecke oder nur eine Art von Strecken zu verwenden.) Ab welcher Grenze n sind alle natürlich-zahligen Streckenlängen m mit m ≥ n zu bekommen?
b) Beantworten Sie die Fragen aus a) für $e_1 = 5$ und $e_2 = 13$.

Aufgabe 2.2.5: In Erweiterung von Aufgabe 2.2.4 ist jetzt auch das Wegnehmen kleinerer von größeren Strecken zulässig. Welche Streckenlängen sind auf diese Weise konstruierbar für   a) $e_1 = 2$ und $e_2 = 5$,   b) $e_1 = 6$ und $e_2 = 8$?
Wieder ist es erlaubt, nur eine Strecke oder nur eine Art von Strecken zu verwenden.

Aufgabe 2.2.6: Fig. 2.2.5 zeigt drei Möglichkeiten, fünf Punkte so zu verbinden, dass die Verbindungsstrecken sich nicht schneiden und keine weitere Verbindungsstrecke ohne Schnittpunkt hinzugefügt werden kann. Solche Konfigurationen sollen "gesättigt" heißen.

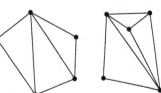 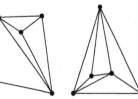

Fig. 2.2.5

Zeichnen Sie gesättigte Konfigurationen mit 4, 5, 6, 7 Punkten in allgemeiner Lage und allen möglichen Anzahlen von Verbindungsstrecken.
Geben Sie Formeln für die minimale und die maximale Streckenanzahl bei n Punkten an. Sind alle Anzahlen zwischen der maximalen und der minimalen Anzahl möglich? Beweise sind nicht verlangt; begründete Vermutungen genügen.

2.3   Winkel

Ein Halbgeradenpaar (AB$^+$, AC$^+$) bildet einen
Winkel. Man denkt sich AB$^+$ im positiven
Drehsinn (links herum) in AC$^+$ gedreht (Fig.
2.3.1). Für den Winkel schreibt man ∠BAC.
Der Punkt A ist der **Scheitel**, AB$^+$ und AC$^+$ sind
die **Schenkel** des Winkels. Das überstrichene
Gebiet heißt **Winkelfeld**.
Dreht man AC$^+$ im positiven Sinn in AB$^+$ hin-
ein, entsteht der Winkel ∠CAB. In Figuren
kennzeichnet man Winkel durch Kreisbögen.

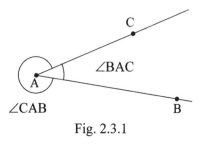

Fig. 2.3.1

Wie betrachten nur Winkel, deren erster Schenkel links herum gedreht wird.

Jedem Winkel lässt sich ein **Winkelmaß** zuordnen. Der Nullwinkel, dessen Schenkel
zusammenfallen, erhält das Maß 0°, der gestreckte Winkel, dessen Schenkel sich zu
einer Geraden ergänzen, das Maß 180°. Durch fortgesetztes Halbieren des gestreckten
Winkels (vgl. Abschnitt 2.8) erhält man Winkel mit den Maßen 90°, 45°, 22,5° usw. Der
wichtigste Sonderfall ist der **rechte Winkel** mit α = 90°. Man kennzeichnet ihn durch
einen Punkt im Winkelbogen. Geraden oder Strecken, die sich unter rechtem Winkel,
schneiden, heißen **aufeinander senkrecht**.
Auch der 60°-Winkel und seine Halbierungen sind konstruierbar (gleichseitiges Dreieck,
vgl. Abschnitt 2.4). Weitere Winkel mit gegebenen Maßen erhält man durch Aneinanderlegen und Wegnehmen.
Winkelmaße werden mit α, β, γ, ... bezeichnet. Wenn kein Missverständnis zu erwarten
ist, können Winkel durch ihre Maße bezeichnet werden. Es ist auch zulässig, die Maß-
gleichheit von ∠ABC und ∠DEF durch ∠ABC = ∠DEF auszudrücken.
Winkel werden nach ihrem Winkelmaß benannt. Beim Nullwinkel und beim Vollwinkel
fallen die Halbgeraden zusammen.

Halbger.	Name	Maß
$h_1 - h_1$	Nullwinkel	α = 0°
$h_1 - h_2$	spitzer Winkel	0° < α < 90°
$h_1 - h_3$	rechter Winkel	α = 90°
$h_1 - h_4$	stumpfer W.	90° < α < 180°
$h_1 - h_5$	gestreckter W.	α = 180°
$h_1 - h_6$	überstumpfer	180° < α < 360°
$h_1 - h_7$	Winkel	
$h_1 - h_1$	Vollwinkel	α = 360°

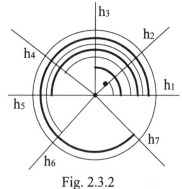

Fig. 2.3.2

Die **Winkelkonstruktion** mit Zirkel und Lineal kann auf zwei Arten verstanden werden:
– Ein Winkel mit gegebener Maßzahl soll hergestellt werden. Das ist nur für spezielle
Maßzahlen möglich.
– Ein Winkel ist als geometrische Figur gegeben, und es soll ein Winkel mit dessen Maß
konstruiert werden. Das ist immer möglich (siehe Aufgabe 2.4.7).

Bemerkung: Die 360°-Teilung des Vollwinkels dürfte auf das babylonische 60-er-System zurückgehen. Der erste, der nachweislich diese Teilung verwendet hat, ist der Mathematiker und Astronom HIPPARCH VON NIKAIA (180 – 125 v. Chr.).

Aufgabe 2.3.1: a) Der Winkel α sei spitz, der Winkel 2α stumpf, der Winkel 3α überstumpf, und alle drei Winkel ergänzen sich zum Vollwinkel. Wie groß ist α?
b) Der Winkel α sei spitz, der Winkel 3α stumpf, der Winkel 6α überstumpf, und alle drei Winkel ergänzen sich zum Vollwinkel. Wie groß ist α?

Aufgabe 2.3.2: Lässt sich jeder überstumpfe Winkel zerlegen in
a) zwei spitze Winkel,   b) zwei stumpfe Winkel,
c) einen spitzen und einen stumpfen Winkel,
d) einen spitzen und einen überstumpfen Winkel,
 e) einen stumpfen und einen überstumpfen Winkel?

Aufgabe 2.3.3: Gibt es Winkel α, β, γ mit folgenden Eigenschaften: α spitz, β stumpf, γ überstumpf, $\alpha + \beta + \gamma = 360°$, $\beta - \alpha = \gamma - \beta$?

Aufgabe 2.3.4: Der Drehsinn ist ein Element der Anschauung, das man bei der Einführung des Winkels vermeiden kann. Das ist durch den Begriff "Winkelfeld" möglich: A, B und C seien Punkte in allgemeiner Lage. Die Gerade AB zerlegt die Ebene in zwei Halbebenen, wobei AB selbst keiner der beiden angehören soll. Diejenige der beiden Halbebenen, die den Punkt C enthält, sei mit ABC⁺ bezeichnet. Entsprechend ist ACB⁺ erklärt (Fig. 2.3.3). Dann zerlegen die Halbgeraden AB⁺ und AC⁺ die Ebene E in das **Winkelfeld** W: = ABC⁺ ∩ ACB⁺ und das **überstumpfe Winkelfeld** E \ W.
Begründen Sie, dass zu W ein Winkel mit $0 < \alpha < 180°$ und zu E \ W ein Winkel mit $180° < \alpha < 360°$ gehört. Welche Schwierigkeit entsteht, wenn A, B und C nicht allgemein liegen?

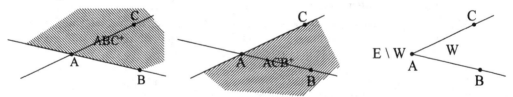

Fig. 2.3.3

Aufgabe 2.3.5: A, B, C seien Punkte in allgemeiner Lage. Analog wie in Aufgabe 2.3.4 bezeichne ABC⁻ die Halbebene, die von AB begrenzt ist und C nicht enthält.
Stellen Sie ein überstumpfes Winkelfeld als Vereinigungsmenge von Halbebenen dar.

Aufgabe 2.3.6: Die Verbindungsgeraden von A, B C zerlegen die Ebene in Gebiete. Stellen Sie jedes einzelne als Schnittmenge von Halbebenen dar (vgl. Aufgabe 2.3.5). Fig. 2.3.4 zeigt ein Beispiel.
Welche der formal möglichen Schnittmengen dreier Halbebenen kommen nicht vor?

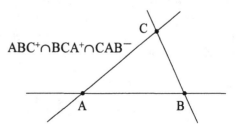

ABC⁺∩BCA⁺∩CAB⁻

Fig. 2.3.4

2.4 Dreiecke und ihre Winkel

„Konstruiere ein Dreieck aus zwei Seiten und dem Zwischenwinkel!" Diese Aufgabe gehört in der Schule zum Standard-Repertoire und ist mit Zirkel und Lineal leicht zu lösen. Es ist anschaulich klar, dass die zwei anderen Winkel β und γ und die dritte Seite a eindeutig bestimmt sind (Fig. 2.4.1). Bekanntlich heißen zwei Dreiecke, die bei passender Zuordnung in den Seiten und Winkeln übereinstimmen, **kongruent**. Damit lässt sich die bei der Konstruktion gewonnene Erkenntnis auch so ausdrücken: Stimmen zwei Dreiecke in zwei Seiten und im Zwischenwinkel überein, so sind sie kongruent. In schulüblicher Terminologie ist dies der zweite Kongruenzsatz SWS. Wir betrachten diese Aussage aber nicht als beweisbedürftig, sondern als **Axiom**.

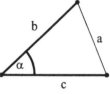

Fig. 2.4.1

Gelten für zwei Dreiecke ABC und DEF die Beziehungen $|AB| = |DE|$,

$|CA| = |FD|$ und $\alpha = \delta$, so folgt $|BC| = |EF|$, $\beta = \varepsilon$ und $\gamma = \varphi$ (Fig. 2.4.2).

Die Voraussetzung besagt, dass die Punkte A und D, B und E, C und F einander entsprechen. Wir verwenden die übliche Kurzschreibweise $\Delta ABC \cong \Delta DEF$ für die **Dreieckskongruenz** immer in diesem Sinn.

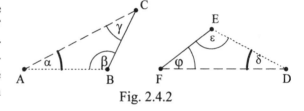

Fig. 2.4.2

Die Dreieckskongruenz ist eine **Äquivalenzrelation**. Kongruente Dreiecke können sich nur nach Lage und Umlaufsinn unterscheiden. In Fig. 2.4.3 ist ΔDEF gleichsinnig kongruent und ΔGHI gegensinnig kongruent zu ΔABC. Die Frage nach „verschiedenen" Dreiecken versteht sich in der Regel als Frage nach den **Kongruenzklassen**. Kongruente Dreiecke werden in diesem Sinn als ununterscheidbar angesehen.

Das bisherige Vorgehen war längst nicht streng axiomatisch, hatte aber axiomatische Tendenz. Auf diese Weise zu Aussagen zu kommen, die nicht evident sind, kostet aber viel Geduld. Entgegen der ersten Vermutung ist es auch oft schwer, Evidentes zu beweisen, weil die Anschauung strikt ausgeblendet werden muss. Wir notieren nun (meist ohne Beweis) eine Reihe von Sätzen, die als eine erste Schicht über den Axiomen liegen. Die Abfolge bedeutet keine logische Abhängigkeit.

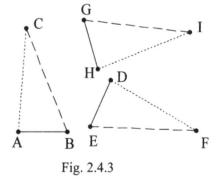

Fig. 2.4.3

Satz 2.4.1 (Kongruenzsatz SWS): Zwei Dreiecke sind kongruent, wenn sie in zwei
Seiten und dem eingeschlossenen Winkel übereinstimmen.

Dies ist das oben genannte Axiom, hier nur der Übersichtlichkeit halber nochmals als Satz formuliert.

Der folgende Satz befasst sich mit dem **gleichschenkligen Dreieck**, also einem Dreieck mit zwei gleich langen Seiten. Diese Seiten heißen **Schenkel**, die dritte Seite heißt **Basis**.

Satz 2.4.2: Ein Dreieck ist genau dann gleichschenklig, wenn zwei Winkel gleich sind.

Die Basis des Dreiecks sei $\overline{AB}$. Sind die Schenkel gleich, so ergibt sich nach SWS $\triangle ABC \cong \triangle BAC$, also $\angle ABC = \angle BAC$. Die (nicht triviale!) Umkehrung übergehen wir.

Das **gleichseitige** Dreieck hat drei gleiche Seiten, also auch drei gleiche Winkel. Soll man ein gleichseitiges Dreieck als ein besonderes gleichschenkliges auffassen? Das hängt davon ab, ob man in der Definition der Gleichschenkligkeit das Wort „zwei" im Sinn von „genau zwei" oder „mindestens zwei" versteht. In der Mathematik, aber nicht im täglichen Leben ist die zweite Auffassung üblich. Ein gleichseitiges Dreieck ist also auch gleichschenklig.

Satz 2.4.2 hat das folgende Gegenstück. Zum Beweis siehe Aufgabe 2.4.9.

Satz 2.4.3: In jedem Dreieck liegt der größeren zweier Seiten der größere Winkel und dem größeren zweier Winkel die größere Seite gegenüber.

Wie angekündigt formulieren wir die folgenden zwei Sätze ohne Beweis:

Satz 2.4.4 (Kongruenzsatz SSS): Zwei Dreiecke sind kongruent, wenn sie in allen drei Seiten übereinstimmen.

Die zugehörige Grundkonstruktion ist sehr einfach (Abschnitt 2.6), der Beweis nicht.

Satz 2.4.5 (Kongruenzsatz WSW): Zwei Dreiecke sind kongruent, wenn sie in einer Seite und den zwei anliegenden Winkeln übereinstimmen.

Zu diesem Satz gehört wieder eine einfache Grundkonstruktion mit Zirkel und Lineal.

An sich schneidenden Geraden treten Winkelpaare auf, die in Fig. 2.4.4 **definiert** sind. Für sie gelten einige einfache Sätze.

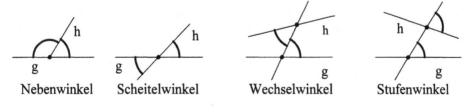

Nebenwinkel   Scheitelwinkel   Wechselwinkel   Stufenwinkel

Fig. 2.4.4

Satz 2.4.6:
> **a)** Nebenwinkel ergänzen sich zu 180°.
> **b)** Scheitelwinkel sind gleich.
> **c)** Wechselwinkel an Geraden sind genau dann gleich, wenn diese parallel sind.
> **d)** Stufenwinkel an Geraden sind genau dann gleich, wenn diese parallel sind.

Beweis: a) So sind Nebenwinkel definiert.
b) Scheitelwinkel haben denselben Nebenwinkel.
c) Siehe Fig. 2.4.5. Dieser Satz enthält unsere anschauliche Vorstellung von Parallelität. Zum Beweis, den wir nicht führen, braucht man das Parallelenaxiom (Abschnitt 2.1).
d) Die Aussage ist gleichwertig mit c).

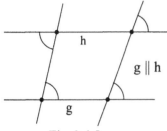

Fig. 2.4.5

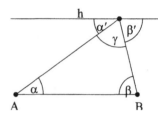

Fig. 2.4.6

Der folgende zentral wichtige Satz stützt sich auf das Parallelenaxiom.

Satz 2.4.7: Die Winkelsumme im Dreieck beträgt 180°.

Beweis (Fig. 2.4.6): An der Parallelen h zu $\overline{AB}$ entstehen die zwei Wechselwinkelpaare α, α' und β, β'. Da sich α', γ und β' zu einem gestreckten Winkel ergänzen, gilt
$\alpha + \beta + \gamma = \alpha' + \beta' + \gamma = 180°$.

Für die Winkel des gleichseitigen Dreiecks gilt $3\alpha = 180°$, also $\alpha = 60°$.
Ein Dreieck kann höchstens einen einzigen stumpfen oder rechten Winkel haben. Ein Dreieck mit einem stumpfen Winkel heißt **stumpfwinklig**, ein Dreieck mit drei spitzen Winkeln **spitzwinklig**. Im **rechtwinkligen** Dreieck heißt die Gegenseite des rechten Winkels **Hypotenuse**, die anderen Seiten heißen **Katheten**. Nach Satz 2.4.3 ist die Hypotenuse die größte Seite.

Die Nebenwinkel von Dreieckswinkeln heißen **Außenwinkel**. Die Dreieckswinkel selbst nennt man in diesem Zusammenhang **Innenwinkel**.

Satz 2.4.8 (Außenwinkelsatz): Jeder Außenwinkel eines Dreiecks ist so groß wie die Summe der nichtanliegenden Innenwinkel.

Beweis: In Fig. 2.4.7 ist α' der Nebenwinkel von α. Die nichtanliegenden Innenwinkel sind β und γ.
Aus $\alpha + \beta + \gamma = 180°$ und $\alpha + \alpha' = 180°$ folgt $\alpha' = \beta + \gamma$.

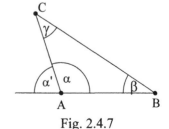

Fig. 2.4.7

Beispiel 2.4.1: In Fig. 2.4.8 gelten wegen
g ∥ h viele Winkelbeziehungen, zum Beispiel
a) $\beta_1 + \gamma_3 = \alpha_2$, b) $\gamma_4 + \beta_2 = 180°$.
In a) werden der Scheitelwinkelsatz und der
Außenwinkelsatz angewendet, in b) der
Scheitelwinkelsatz und der Stufenwinkelsatz.

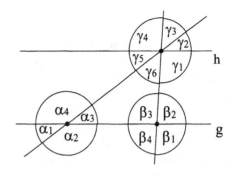

Aufgabe 2.4.1: Geben Sie für Fig. 2.4.8 weitere Winkelbeziehungen wie im Beispiel an.

Aufgabe 2.4.2: Zeichnen Sie alle Dreiecke,
deren Winkel Vielfache von 15° sind. ("alle
Dreiecke" heißt hier: von jeder Kongruenzklasse eines.)

Fig. 2.4.8

Aufgabe 2.4.3: Beweisen Sie: In jedem spitzwinkligen oder rechtwinkligen Dreieck gibt
es zwei Winkel, die sich um höchstens 30° unterscheiden. Tipp: Gegenteil annehmen!

Aufgabe 2.4.4: Beweisen Sie: Zwei Dreiecke sind kongruent, wenn sie in einer Seite,
einem dieser Seite anliegenden Winkel und dem Gegenwinkel dieser Seite übereinstimmen.

Aufgabe 2.4.5: Unter welchen Bedingungen sind zwei gleichschenklige Dreiecke kongruent?

Aufgabe 2.4.6: Für ein Dreieck gelte $\triangle ABC \cong \triangle BAC$ und $\triangle ABC \cong \triangle ACB$. Von welcher
Art ist das Dreieck?

Aufgabe 2.4.7: Ist ein Winkel als geometrisches Objekt (also durch Zeichnung) gegeben, so kann ein gleichgroßer Winkel mit Zirkel und Lineal im Punkt A' einer gegebenen
Halbgeraden angetragen werden. Beschreiben Sie eine Konstruktion.

Aufgabe 2.4.8: Ein Dreieck ist durch Vorgabe zweier Stücke nicht festgelegt. Untersuchen Sie, welche Freiheiten es gibt, wenn
a) zwei Seiten,   b) eine Seite und ein anliegender Winkel,   c) zwei Winkel
gegeben sind.

Aufgabe 2.4.9: Beweisen Sie Satz 2.4.3. Eine
Hilfe gibt Fig. 2.4.9. Beginnen Sie mit $\alpha > \beta$ als
Voraussetzung und benutzen Sie die so genannte
Dreiecksungleichung: Je zwei Dreiecksseiten
sind zusammen länger als die dritte Seite.

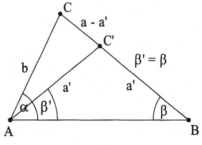

Aufgabe 2.4.10: $\triangle ABC$ ist gleichschenklig mit
Basis c. Auf $\overline{BC}$ liegt D ($\neq$ B) mit $|AD| = c$, auf

Fig. 2.4.9

$\overline{AC}$ liegt E ($\neq$ A) mit $|DE| = c$, auf $\overline{BC}$ liegt

F ($\neq$ D) mit $|EF| = c$, und es gilt $|FC| = c$.

Wie groß ist der Winkel γ ?
Hinweis: Es geht nicht darum, diese Figur zu konstruieren – das ist gar nicht möglich.

2.5   Kreis

Der **Kreis** k mit **Mittelpunkt** M und
Radius r besteht aus allen Punkten, die
von M die Entfernung r haben. Er zerlegt die Ebene in ein inneres und ein
äußeres Gebiet. Oft nennt man auch
das innere Gebiet samt Rand kurz
Kreis; korrekt ist **Kreisscheibe**.
Die Anzahl der Punkte, in der sich der
Kreis um M und die Gerade g schnei-

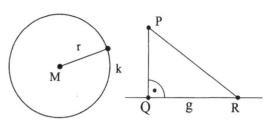

Fig. 2.5.1   Fig. 2.5.2

den, hängt vom Abstand zwischen M und g ab.
Allgemein wird die Länge der kürzesten Strecke, die einen Punkt P mit einer Geraden g
verbindet, als **Abstand d(P, g)** zwischen P und g bezeichnet.

Satz 2.5.1: Es gilt d(P, g) = | PQ |, wobei die Strecke $\overline{PQ}$ mit der Geraden g einen rechten
Winkel einschließt (Fig. 2.5.2).

Beweis: Jede andere Strecke (wie $\overline{PR}$ in Fig. 2.5.2) ist als Hypotenuse im rechtwinkligen
Dreieck PQR länger als $\overline{PQ}$ (Aufgabe 2.5.1).

Satz 2.5.2: Gilt d(M, g) > r bzw. d(M, g) = r bzw. d(M, g) < r, so hat die Gerade g mit
dem Kreis um M mit Radius r keinen, genau einen bzw. genau zwei gemeinsame
Punkte. Die Gerade heißt dann **Passante** bzw. **Tangente** bzw. **Sekante** (Fig. 2.5.3).
Im Fall der Tangente heißt der gemeinsame Punkt **Berührpunkt**, der zugehörige
Radius **Berührradius**. Er schließt mit der Tangente einen rechten Winkel ein.

Beweis: Aus d(M, g) > r folgt wie im Beweis von
Satz 2.5.1 für jeden Punkt R auf g:
| MR | ≥ | MQ | = d(M, g) > r

Bei d(M, g) = r gilt für alle Punkte R auf g mit R ≠ Q
| MR | > | MQ' | = d(M, g') = r,

so dass Q' der einzige gemeinsame Punkt ist.
Der rechte Winkel in Q' ergibt sich aus Satz 2.5.1.

Bei d(M, g") < r erklären wir die Existenz (mindes-
tens) zweier Schnittpunkte S_1, S_2 zum Axiom. (Vgl.
Aufgabe 2.5.2) Die Existenz ist gleichwertig mit der
Konstruierbarkeit eines rechtwinkligen Dreiecks mit

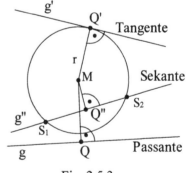

Fig. 2.5.3

den Seitenlängen d(M, g") und r. (In Fig. 2.5.3 sind dies $\Delta MQ''S_1$ und $\Delta MQ''S_2$.) Zur
Konstruktion benötigt man aber gerade die zu beweisende Existenz der Schnittpunkte.

Satz 2.5.3: Zwei Kreise haben höchstens zwei Schnittpunkte.

Beweis und Präzisierung: Siehe die wichtigen Aufgaben 2.5.3, 2.5.4, 2.5.5!

Aufgabe 2.5.1: Beweisen Sie als Ergänzung zum Beweis von Satz 2.5.1, dass die Hypotenuse die längste Seite des rechtwinkligen Dreiecks ist. Satz 2.4.3 hilft!

Aufgabe 2.5.2: Im Beweis von Satz 2.5.2 wurde im Fall $d(M, g) < r$ die Existenz von mindestens zwei Schnittpunkten zum Axiom erklärt. Beweisen Sie anhand von Fig. 2.5.4, dass es nicht mehr als zwei Schnittpunkte gibt.

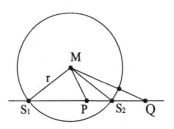

Aufgabe 2.5.3: Beweisen Sie mit Hilfe des Kongruenzsatzes SSS, dass zwei (verschiedene!) Kreise nicht mehr als zwei Schnittpunkte haben können.

Fig. 2.5.4

Aufgabe 2.5.4: Stellen Sie sich vor, der Kreis k_1 in Fig. 2.5.5 bewege sich in Pfeilrichtung. Dabei variiert die Anzahl seiner Schnittpunkte mit k_2. Welche Gleichungen bzw. Ungleichungen zwischen den Radien r_1, r_2 und der Mittelpunktsentfernung $m = |M_1M_2|$ gehören zu den möglichen Anzahlen?

Hinweis: Beachten Sie, dass auch $r_1 > r_2$ und $r_1 = r_2$ gelten kann. Die Gleichungen bzw. Ungleichungen können jeweils aus der Lage der Punkte P, Q, M_1, M_2 hergeleitet werden. (Für eine genauere Überlegung siehe Aufgabe 2.5.5)

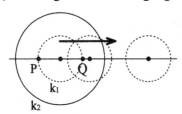

Fig. 2.5.5

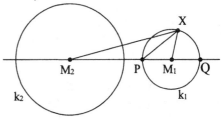

Fig. 2.5.6

Aufgabe 2.5.5: In Aufgabe 2.5.4 haben Sie aus den Anzahlen von Schnittpunkten Gleichungen und Ungleichungen zwischen r_1, r_2 und m hergeleitet. Beweisen Sie nun die Umkehrung dieses Zusammenhangs.

Hinweis: Im Fall $m > r_1 + r_2$ beispielsweise ist zu zeigen, dass kein Punkt X von k_1 auf k_2 liegt. Betrachten Sie dazu zunächst ΔPM_1X und dann ΔM_2PX (Fig. 2.5.6).

Aufgabe 2.5.6: Entscheiden Sie aus den Angaben in der Tabelle ohne Zeichnung über die relative Lage der zwei Kreise.

	a)	b)	c)	d)	e)	f)
r_1	7	6	4	10	7	7
r_2	5	4	3	3	6	2
m	12	5	8	6	4	5

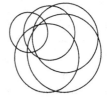

Fig. 2.5.7

Aufgabe 2.5.7: a) Wie viele Schnittpunkte haben 2, 3, ..., n Kreise im Höchstfall?

b) In wie viele Gebiete (einschließlich Außengebiet) zerlegen 2, 3, ... n Kreise die Ebene im Höchstfall (Fig. 2.5.7)?

2.6 Konstruierbarkeit von Dreiecken

Aus zwei Strecken und einem eingeschlossenen Winkel ($< 180°$) lässt sich immer ein Dreieck konstruieren, und zwar bis auf Kongruenz nur ein einziges. Dasselbe gilt unter einer nahe liegenden Bedingung auch für die Vorgabe dreier Seiten.

Satz 2.6.1 (Dreiecksungleichung): Die längste Seite eines Dreiecks ist kürzer als die zwei anderen zusammen.

Beweis: Es genügt, c als größte Seite anzunehmen und $c < a + b$ zu beweisen. Die Senkrechte zu AB durch C treffe AB in C' (Fig. 2.6.1).
C' liegt zwischen A und B, da sonst α oder β stumpf, also die Seite c nicht die längste wäre (Sätze 2.4.8 und 2.4.3). Nach Satz 2.4.2 folgt $|AC'| < |AC|$ und $|BC'| < |BC|$. Zusammen ergibt sich

$$|AC| = |AC'| + |BC'| < |AC| + |BC|$$

Die Vorgabe von drei Strecken als Dreiecksseiten muss also die Dreiecksungleichung respektieren.

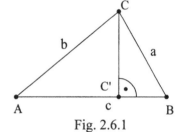

Fig. 2.6.1

Satz 2.6.2: Aus drei Strecken, deren längste kürzer ist als die zwei anderen zusammen, lässt sich stets ein Dreieck konstruieren. Das Dreieck ist bis auf Kongruenz eindeutig bestimmt.

Beweis: O. B. d. A. gelte $a \leq b \leq c$ und $c < a + b$. Die Kreise mit $r_1 = a$ und $r_2 = b$ um A bzw. B haben genau zwei Schnittpunkte. Mit $m = c$ gilt nämlich $m \geq r_2 > r_2 - r_1$ sowie $m < r_1 + r_2$. Nach Satz 2.5.3 und Aufgabe 2.5.5 gibt es daher genau zwei Schnittpunkte und damit genau zwei Dreiecke. Deren Kongruenz folgt aus dem Kongruenzsatz SSS.

Satz 2.6.3 (Kongruenzsatz SSW$_g$): Zwei Dreiecke sind kongruent, wenn sie in zwei Seiten und dem Gegenwinkel der größeren dieser zwei Seiten übereinstimmen.

Beweis: Zunächst wird das Dreieck aus b und c, wobei $b < c$, und $\angle BCA = \gamma$ konstruiert. Der Kreis um A mit $r = c$ schneidet BC in B und B'; vgl. Satz 2.5.2 mit $d(A, BC) \leq b < c$. Diese liegen aber, anders als in der unmöglichen Fig. 2.6.2, nicht beide auf dem freien Schenkel von $\angle BCA$. Es entstünde nämlich ein gleichschenkliges Dreieck ABB', dessen Basiswinkel β auch Außenwinkel von $\Delta AB'C$ ist. Aus $\beta = \alpha' + \gamma > \gamma$ entsteht der Widerspruch $b > c$. Auf dem freien Schenkel von γ liegt also nur ein Schnittpunkt.
Die Konstruktion führt auch zum Beweis: Erfüllen ΔABC und $\Delta A^*B^*C^*$ die Voraussetzung, legt man kurz gesagt eine kongruente Kopie von $\Delta A^*B^*C^*$ so auf ΔABC, dass b und b* sowie C und C* zusammenfallen.

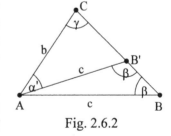

Fig. 2.6.2

Dann müssen auch B und B* zusammenfallen, denn sonst entstünde (mit B* statt B') die unmögliche Situation der Fig. 2.6.2.

Aufgabe 2.6.1: Welche Dreiecke lassen sich aus Strecken der Längen 3, 6, 7, 9, 11, 13 konstruieren? Jede Strecke darf mehrfach verwendet werden.

Aufgabe 2.6.2: a) Aus Strecken mit den Längen 3, 8, 19, 40, 86, die jeweils mehrfach vorhanden sind, lässt sich kein Dreieck bilden, gleichseitige Dreiecke ausgenommen. Geben Sie fünf möglichst kleine natürliche Zahlen mit dieser Eigenschaft an. Erkennen Sie ein auf eine beliebige Anzahl von Strecken übertragbares Bildungsgesetz?
b) Geben Sie 3, 4, ... n möglichst kleine natürliche Streckenlängen an, die sich nicht zur Konstruktion von Dreiecken eignen, gleichschenklige Dreiecke ausgenommen.

Aufgabe 2.6.3: Beweisen Sie: In jedem Dreieck ist die kürzeste Seite länger als der Unterschied der zwei anderen.

Aufgabe 2.6.4: Konstruieren Sie das Dreieck mit
a) b = 7 cm; c = 8 cm; γ = 55°,   b) a = 4 cm; b = 9 cm; β = 110°.

Aufgabe 2.6.5: Konstruieren Sie das Dreieck mit b = 8 cm; c = 7 cm; γ = 55°. Was fällt auf?

Aufgabe 2.6.6: Beweisen Sie, dass die Sehne eines Kreises von einem Radius genau dann halbiert wird, wenn der Radius auf der Sehne senkrecht steht.

Aufgabe 2.6.7: Kann man aus den jeweils um eine Strecke d
a) verlängerten   b) verkürzten
Seiten eines Dreiecks stets wieder ein Dreieck konstruieren? Experimentieren Sie mit selbst gewählten Seitenlängen. Welche Bedingungen muss man gegebenenfalls stellen, um die Konstruierbarkeit zu sichern?
Hinweis: Nehmen Sie a $\leq$ b $\leq$ c an.

Aufgabe 2.6.8: Beweisen Sie: Die kürzeste Verbindung zweier Punkte A, B ist auch dann die Strecke $\overline{AB}$, wenn man **Streckenzüge** wie $\left(\overline{AC}, \overline{CD}, \overline{DE}, \overline{EB} \right)$ in Fig. 2.6.3 zur Konkurrenz zulässt.
Bemerkung: Schlagwortartig sagt man: Die Strecke ist die kürzeste Verbindung zwischen zwei Punkten. Dies gilt auch dann noch, wenn man beliebige Verbindungskurven zulässt. Damit wird jedoch der Bereich der Elementargeometrie verlassen.

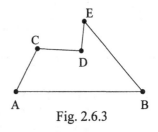

Fig. 2.6.3

Aufgabe 2.6.9: Welche Dreiecke (im Sinn von Kongruenzklassen) mit natürlichzahligen Seiten und längster Seite c = 1, 2, ... 10 gibt es? Erkennen Sie ein Bildungsgesetz für die Anzahlfolge (d_c)? Der nicht ganz einfache Beweis erfordert eine systematische Aufzählung der Dreiecke und die Kenntnis einer wichtigen Summenformel.

Aufgabe 2.6.10: a) Welche Dreiecke mit natürlichzahligen Seiten a, b, c (mit a $\leq$ b $\leq$ c) und Umfang u = 3, 4, ... 10 gibt es?
b) Die Anzahl der Dreiecke mit natürlichzahligen Seiten und Umfang u sei d_u. Untersuchen Sie ein nicht zu kurzes Anfangsstück der Anzahlfolge (d_u). Äußern Sie Vermutungen. Vor Beweisversuchen wird aber gewarnt!

2.7   Zwei-Kreis-Figur

Die Zwei-Kreis-Figur löst wichtige Konstruktionsaufgaben. Sie besteht aus zwei sich schneidenden Kreisen mit gleichem Radius.

Satz 2.7.1: Der Mittelpunkt einer Strecke ist mit Zirkel und Lineal konstruierbar.

Beweis: Zu halbieren ist die Strecke $\overline{AB}$ (Fig. 2.7.1). Die Kreise um A und B vom Radius r mit 2r >| AB | schneiden sich in C und D. Die Strecke $\overline{CD}$ trifft $\overline{AB}$ in M. Nach dem Kongruenzsatz SSS gilt $\triangle ADC \cong \triangle BDC$; die Dreieckswinkel bei C sind also gleich. $\triangle ABC$ ist gleichschenklig; die Winkel bei A und B sind also gleich. Nach dem Kongruenzsatz WSW gilt demnach $\triangle AMC \cong \triangle BMC$ und es folgt $|AM| = |BM|$.

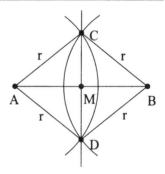

Fig. 2.7.1

Bemerkung: Der Radius r kann verschieden groß gewählt werden, und außerdem gibt es noch andere Konstruktionen für den Mittelpunkt (Aufgabe 2.7.3). Es müsste also bewiesen werden, dass es auf $\overline{AB}$ nur einen Punkt M mit $|AM| = |BM|$ gibt. Wir verzichten auf den Nachweis.

Mit der Zwei-Kreis-Konstruktion lässt sich der **rechte Winkel** konstruieren. In Fig. 2.7.1 sind nämlich ∠CMA und ∠BMC gleich groß und ergänzen sich zu 180°. Beginnt man die Konstruktion mit einer Geraden g und einem dem Punkt P auf g (Fig. 2.7.2), so erhält man nach Abtragen gleich langer Strecken $\overline{AP}$ und $\overline{BP}$ mit Hilfe der Zwei-Kreis-Figur die Geraden h. Sie ist die **Senkrechte (Orthogonale)** zu g durch P. Für die Relation "g und h stehen aufeinander senkrecht" schreibt man kurz

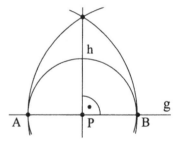

Fig. 2.7.2

g ⊥ h. Die Gerade h heißt **Mittelsenkrechte** von $\overline{AB}$.
Zur Konstruktion der Senkrechten zu g durch einen nicht auf g liegenden Punkt P siehe Aufgabe 2.7.2. Die Strecke, die P mit dem Schnittpunkt von g und h verbindet, heißt **Lot**.

Mit der Zwei-Kreis-Figur lässt sich auch die Parallele h zur Geraden g durch den Punkt P konstruieren; siehe Aufgabe 2.7.3.

Sind die Geraden g und h parallel, ist nach dem Stufenwinkelsatz 2.4.6 jede Senkrechte zu g auch Senkrechte zu h. Wir vergleichen zwei auf Senkrechten abgeschnittene Strecken (Fig. 2.7.3): Nach dem Kongruenzsatz WSW gilt $\triangle ABD \cong \triangle CDB$, also $|AD| = |BC|$.

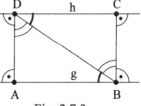

Damit haben alle gemeinsamen Lote von g und h dieselbe Länge. Diese heißt **Abstand** d(g, h) der Parallelen g und h.

Fig. 2.7.3

Aufgabe 2.7.1: Üben Sie Streckenhalbierung und die Konstruktion der Senkrechten zu g durch einen Punkt P auf g.

Aufgabe 2.7.2: Beschreiben Sie eine Konstruktion für die Senkrechte zu g durch einen Punkt P, der nicht auf g liegt.

Aufgabe 2.7.3: Gegeben sind eine Gerade g und ein Punkt P, der nicht auf g liegt. Konstruieren Sie auf verschiedene Arten die Parallele zu g durch P. Beschreiben Sie die Konstruktionen und bewerten Sie die Schwierigkeit.

Aufgabe 2.7.4: Für die Geraden g, h, i gelte   a) g ∥ h und h ⊥ i   b) g ⊥ h und h ⊥ i
c) g ⊥ h und h ⊥ i und i ⊥ j .
In welcher Beziehung stehen g und i bzw. g und j? Beweisen Sie Ihre Aussagen.

Aufgabe 2.7.5: Gegeben sind Geraden g, h, i, j mit g ∥ h und i ∥ j. Es gelte aber nicht
g ∥ i. Beweisen sie, dass g und h aus i und j gleichlange Strecken ausschneiden.

Aufgabe 2.7.6: Fig. 2.7.4 zeigt eine Zirkel-
und-Lineal-Konstruktion des Streckenmit-
telpunkts ohne die Zwei-Kreis-Figur. Beweisen Sie die Korrektheit. Führen Sie diese Konstruktion aus. Hinweis: Das Übertragen des Winkels α mit Hilfe der Winkel-
skala ist keine Zirkel-und-Lineal-Konstruk-
tion!

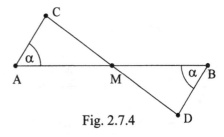

Fig. 2.7.4

Aufgabe 2.7.7: Die Gerade m, die von zwei parallelen Geraden g und h denselben Abstand hat, heißt **Mittelparallele** von g und h.
a) Beweisen Sie: Die Mittelparallele halbiert jede Strecke, die g mit h verbindet.
b) Konstruieren Sie die Mittelparallele auf verschiedene Arten.
c) Suchen Sie eine Konstruktion, die mit besonders wenigen Elementen auskommt. Aufgabe 2.7.5 enthält einen Hinweis.

Aufgabe 2.7.8: Eine Strecke $\overline{AB}$ liegt unmittelbar am Rand des Zeichenblatts. Konstruieren Sie den Mittelpunkt. (Abstrakt gesagt: Die Gerade AB zerlegt die Ebene in zwei Halbebenen. Das Konstruktionsfeld ist auf eine Halbebene beschränkt.)

Aufgabe 2.7.9: a) Zu konstruieren ist der Mittelpunkt einer 5 cm langen Strecke, die unmittelbar am Rand des Zeichenblatts liegt, aber in beide Richtungen verlängert werden kann. Der Zirkel ist eingerostet und lässt nur den Radius 8 cm zu.
b) Analysieren Sie die Konstruktionsaufgabe a) für beliebige Längen und Radien.

Aufgabe 2.7.10: a) Der Mittelpunkt einer Strecke mit der Länge 20 cm ist zu konstruieren, wobei der Zirkel höchstens den Radius r = 3 cm erreicht.
b) Suchen Sie für die Streckenhalbierung mit "zu kleinem" Zirkel eine Konstruktion, deren Schrittzahl nicht davon abhängt, wie lang die Strecke im Vergleich zum maximalen Zirkelradius ist.
Hinweis: Es kommt hier nicht darauf an, ob eine Konstruktion in der Praxis vielleicht an mangelnder Genauigkeit scheitert.

2.8   Mittelsenkrechte und Winkelhalbierende

Die mit der Zwei-Kreis-Konstruktion hergestellte **Mittelsenkrechte** m_{AB} der Strecke $\overline{AB}$ (Fig. 2.8.1) halbiert den Winkel bei C (siehe Beweis zu Satz 2.7.1). Dies nutzt man (mit passender Umbenennung) zur Konstruktion der **Winkelhalbierenden** w_α aus. Diese Halbgerade schließt mit den Schenkeln gleiche Winkel ein und liegt im Winkelfeld. Die Konstruktion enthält drei Kreise: Zuerst werden auf den Schenkeln die Punkte B und C mit $|AB| = |AC|$ festgelegt, dann wird D konstruiert (Fig. 2.8.2).

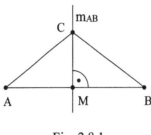

Fig. 2.8.1

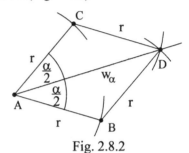

Fig. 2.8.2

Satz 2.8.1: Ein Punkt P liegt genau dann auf m_{AB}, wenn $|PA| = |PB|$ gilt.

Beweis: Liegt P auf m_{AB}, so gilt $\triangle AMP \cong \triangle BMP$ nach dem Kongruenzsatz SWS, also $|PA| = |PB|$.

Liegt P nicht auf m_{AB} (Fig. 2.8.3), gilt
$|PA| - |PB| = |PP'| + |P'A| - |PB|$
$\qquad\quad = |PP'| + |P'B| - |PB|$

Der letzte Ausdruck ist nach der Dreiecksungleichung, angewendet auf $\triangle PP'B$, positiv. Es folgt $|PA| > |PB|$.

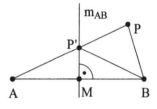

Fig. 2.8.3

Satz 2.8.2: Ein Punkt P in dem Gebiet, das von den Schenkeln eines Winkels α mit $\alpha < 180°$ begrenzt wird, liegt genau dann auf w_α, wenn er von den Schenkeln gleichen Abstand hat.

Beweis: Liegt P auf w_α, gilt $\triangle ABP \cong \triangle ACP$ nach dem Kongruenzsatz WSW, also $|PB| = |PC|$ (Fig. 2.8.4).

Andernfalls (Fig. 2.8.5) gilt
$|PC| - |PB| = |PP'| + |P'C| - |PB|$
$\qquad\quad = |PP'| + |P'B'| - |PB|$
$\qquad\quad > |PB'| - |PB| > 0$

In der Abschätzung wurde die Dreiecksungleichung auf $\triangle BPP'$ und Satz 2.4.3 auf $\triangle BPB'$ angewendet.

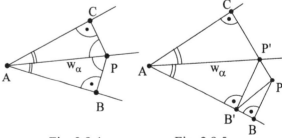

Fig. 2.8.4

Fig. 2.8.5

Aufgabe 2.8.1: Zeichnen Sie das Dreieck ABC mit
a) A(2|1), B(10|3), C(7|8),   b) A(3|2), B(12|3), C(1|9).
Konstruieren Sie m_{AB}, m_{BC}, m_{CA} und w_α, w_β, w_γ.

Aufgabe 2.8.2: Gegeben sind zwei Punkte A und B sowie
a) eine Gerade g,   b) ein Kreis k.
Konstruieren Sie alle Punkte auf der Geraden bzw. auf dem Kreis, die von A und B gleich weit entfernt sind.
Gibt es unabhängig von der Lage von A, B, g und k immer solche Punkte?

Aufgabe 2.8.3: Konstruieren Sie die Winkelhalbierende eines überstumpfen Winkels. Ist Satz 2.8.2 problemlos übertragbar?

Aufgabe 2.8.4: Zwei Halbgeraden schneiden sich außerhalb des Zeichenblatts unter einem Winkel α mit $\alpha < 180°$. Konstruieren Sie die Winkelhalbierende.

Aufgabe 2.8.5: Wie verdoppelt, addiert, subtrahiert man Winkel mit Zirkel und Lineal?

Aufgabe 2.8.6: Winkel von 90° und 60° sind konstruierbar.

a) Wie lassen sich die Winkel $15°$; $165°$; $18\frac{3}{4}°$; $37\frac{1}{2}°$ konstruieren?

b) Geben Sie einen allgemeinen Ausdruck für alle auf dieser Grundlage konstruierbaren Winkel an.
Bemerkung: Die Menge aller konstruierbaren Winkel ist damit noch nicht erfasst.

Aufgabe 2.8.7: Weisen Sie nach, dass der 1°-Winkel nicht zu den Winkeln aus Aufgabe 2.8.6 gehört.

Aufgabe 2.8.8: Die Mittelsenkrechte m_{AB} zerlegt die Ebene in zwei Halbebenen. Die Punkte der einen Halbebene liegen näher an A als an B, die der anderen näher an B als an A. Wählen Sie drei Punkte A, B, C und betrachten Sie die Gebietseinteilung der Ebene durch die Mittelsenkrechten m_{AB}, m_{BC}, m_{CA}. Beschreiben Sie die Gebiete durch Entfernungsbeziehungen. Achten Sie auf einen Sonderfall.

Aufgabe 2.8.9: Gegeben sind die Punkte A(1|1), B(12|1), C(16|9), D(5|9) (Fig. 2.8.6). Die Mittelsenkrechten aller Verbindungsstrecken zerlegen die Ebene in Gebiete.
Das Symbol D/A/B/C in der Figur bezeichnet das Gebiet, dessen Punkte näher an A als an B, näher an B als an C und näher an C als an D liegen.
Bezeichnen Sie alle Gebiete.
Es gibt, von D/A/B/C ausgehend, eine recht einfache Lösungsstrategie.

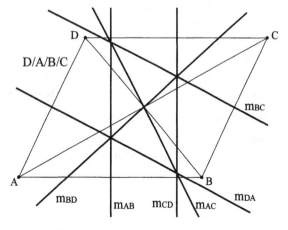

Fig. 2.8.6

2.9   Spiegelung

Geradensymmetrie (Achsensymmetrie) und Punktsymmetrie sind einprägsame Merkmale vieler Figuren. Die zugehörigen Spiegelungen sind Abbildungen der Ebene auf sich.

Definition 2.9.1: Die **Geradenspiegelung** an der Geraden g, der **Spiegelachse**, ordnet jedem Punkt P den Punkt P' mit folgender Eigenschaft zu (Fig. 2.9.1):

Falls P nicht auf g liegt, ist g die Mittelsenkrechte von $\overline{PP'}$.

Falls P auf g liegt, ist P' = P.

Die **Punktspiegelung** am Zentrum Z ordnet jedem Punkt P den Punkt P' mit folgender Eigenschaft zu (Fig. 2.9.2):

Falls P ≠ Z, ist Z der Mittelpunkt von $\overline{PP'}$.

Falls P = Z, ist P' = P.

Fig. 2.9.1 zeigt eine auf der Zwei-Kreis-Figur beruhende Konstruktion des Geradenspiegelbilds.

Zur Konstruktion des Punktspiegelbilds genügen eine Gerade und ein Kreis.

Das Geodreieck hilft bei beiden Konstruktionen.

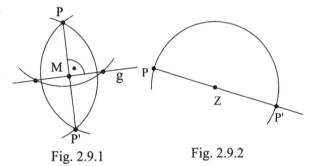

Fig. 2.9.1   Fig. 2.9.2

Satz 2.9.1: Geradenspiegelung und Punktspiegelung sind bijektive Abbildungen der Ebene in sich. Sie sind längentreu, streckentreu, geradentreu und winkeltreu.

Beweis: Wir betrachten hier nur die Geradenspiegelung. Für die Punktspiegelung siehe Aufgabe 2.9.6. Die Begriffe mit "... treu" besagen, dass sich das Merkmal nicht ändert. Jeder Punkt ist das Spiegelbild seines Spiegelbilds; die Abbildung ist surjektiv. Sie ist auch injektiv, denn der Bildpunkt bestimmt den Original-punkt eindeutig.

Für die Längentreue ist $|P'Q'| = |PQ|$ zu zeigen. Liegt Q auf g (Fig. 2.9.3), folgt dies aus $\Delta PMQ \cong \Delta P'MQ$ (Kongruenzsatz SWS). Liegt Q nicht auf g: Aufgabe 2.9.7.

Für die Streckentreue ist zu zeigen: Liegt R auf $\overline{PQ}$, so liegt R' auf $\overline{P'Q'}$. Andernfalls (vgl. Fig. 2.9.4) ergäbe sich aus der Dreiecksungleichung und der Entfernungstreue $|P'R'| + |R'Q'| > |P'Q'| = |PQ|$ im Widerspruch zu $|P'R'| + |R'Q'| = |PR| + |RQ| = |PQ|$.

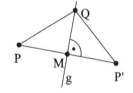

Fig. 2.9.3

Aus der Streckentreue folgt die Geradentreue. Die Winkeltreue liegt vor, da Winkel nach dem Kongruenzsatz SSS durch drei Streckenlängen bestimmt sind.

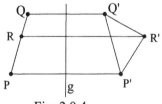

Fig. 2.9.4

Aufgabe 2.9.1: Spiegeln Sie a) einen Kreis b) ein Dreieck an verschieden liegenden Geraden und Punkten. Welche aus Original und Bild zusammengesetzten Figuren können entstehen?

Aufgabe 2.9.2: Welche Punkte, welche Geraden (als Ganzes oder Punkt für Punkt) bleiben bei Geraden- oder Punktspiegelung fest? (Es geht hier also um die so genannten Fixpunkte, Fixgeraden und Fixpunktgeraden.)

Aufgabe 2.9.3: Beweisen Sie: Eine Gerade h und ihr Spiegelbild an der Spiegelachse g schneiden sich entweder auf der Spiegelachse oder sind beide zur Spiegelachse parallel.

Aufgabe 2.9.4: Beweisen Sie die Kreistreue der Geradenspiegelung.

Aufgabe 2.9.5: Beweisen Sie: Eine Punktspiegelung an Z lässt sich als Verkettung zweier Spiegelungen an zueinander senkrechten Geraden g und h durch Z darstellen (Fig. 2.9.5; P* ist Zwischenbild). Argumentieren Sie mit den Dreiecken; bestimmen Sie ∠PZP'.

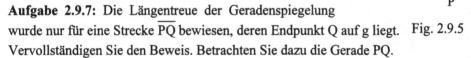

Aufgabe 2.9.6: Führen Sie den Beweis von Satz 2.9.1 für die Punktspiegelung.

Aufgabe 2.9.7: Die Längentreue der Geradenspiegelung
wurde nur für eine Strecke $\overline{PQ}$ bewiesen, deren Endpunkt Q auf g liegt.   Fig. 2.9.5
Vervollständigen Sie den Beweis. Betrachten Sie dazu die Gerade PQ.

Aufgabe 2.9.8: Zwei sich schneidende Geraden erzeugen vier Winkel. Untersuchen Sie die Winkelhalbierenden.

Aufgabe 2.9.9: Gegeben sind die Gerade g sowie die Punkte A und B in derselben Halbebene. Konstruieren Sie den kürzesten Streckenzug von A nach B, der einen "Umweg" über einen zu bestimmenden Punkt P auf g macht.

Aufgabe 2.9.10: Gegeben sind zwei Kreise k_1 und k_2, die sich in den Punkten P und Q schneiden. Konstruieren Sie eine Gerade g, die durch P, aber nicht durch Q geht, aus der die zwei Kreise gleichlange Sehnen ausschneiden.

Aufgabe 2.9.11: Gegeben sind eine Gerade g, ein Punkt P und sein Spiegelbild P' an g. Konstruieren Sie mit dem Lineal allein das Spiegelbild eines beliebigen Punkts Q an g.

Aufgabe 2.9.12: Gegeben sind zwei Punkte P und P'. Konstruieren Sie mit dem Zirkel allein das Spiegelbild eines beliebigen Punkts Q an der (nicht gegebenen!) Mittelsenkrechten von $\overline{PP'}$. Welche andere Konstruktionsaufgabe wird damit ebenfalls gelöst?

3 Kreise und Geraden am Dreieck

3.1 Umkreis

Durch zwei Punkte A und B gehen genau eine Gerade, aber beliebig viele Kreise. Aus Satz 2.8.1 folgt, dass ihre Mittelpunkte auf der Mittelsenkrechten $\overline{AB}$ der Verbindungsstrecke liegen. Erst drei Punkte, die nicht auf einer Geraden liegen, bestimmen einen Kreis eindeutig. Man fasst gewöhnlich die drei Punkte als Eckpunkte eines Dreiecks auf und nennt den Kreis durch die drei Eckpunkte den **Umkreis** des Dreiecks.

Zu zeigen ist also Existenz und eindeutige Bestimmtheit des Umkreises.

> **Satz 3.1.1:** Jedes Dreieck hat genau einen Umkreis. Sein Mittelpunkt ist der Schnittpunkt der drei Mittelsenkrechten der Dreiecksseiten.

Beweis: a) Existenz:

Da zwei Dreiecksseiten nicht auf derselben Geraden liegen, sind die Mittelsenkrechten nicht parallel. Der Schnittpunkt von m_{AB} und m_{CA} sei U. Nach Satz 2.8.1 gilt $|UA| = |UB|$ und $|UA| = |UC|$.

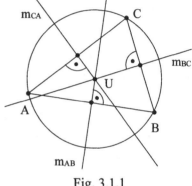

Damit geht der Kreis um U, der durch A geht, auch durch B und C.

b) Mittelsenkrechten-Schnitt:

Aus $|UA| = |UB|$ und $|UA| = |UC|$ folgt

$|UB| = |UC|$.

Nach Satz 2.8.1 geht damit auch m_{BC} durch U.

c) Eindeutige Bestimmtheit des Umkreises:

Der Mittelpunkt eines Kreis durch A, B und C liegt

Fig. 3.1.1

nach Satz 2.8.1 auf m_{AB}, m_{BC} und m_{CA}, kann also nur der Punkt U sein. Der Umkreis ist damit eindeutig bestimmt.

Die Lage des Umkreismittelpunkts hängt von der Form des Dreiecks ab.

> **Satz 3.1.3:** Liegt der Umkreismittelpunkt innerhalb des Dreiecks, so ist es spitzwinklig.

Beweis: Wir betrachten den Winkel γ, durch $\overline{UC}$ zerlegt in die Summe $\gamma_1 + \gamma_2$.

Die Dreiecke CUB und AUC sind gleichschenklig. Es gilt

$\mu_1 = 180° - 2\gamma_1$ und $\mu_2 = 180° - 2\gamma_2$.

Nach dem Winkelsummensatz in ΔABU gilt $\mu_3 < 180°$.

Aus $\mu_1 + \mu_2 + \mu_3 = 360°$ folgt

$\mu_1 + \mu_2 = 360° - \mu_3 > 180°$, also

$180° - 2\gamma_1 + 180° - 2\gamma_2 > 180°$

$2\gamma_1 + 2\gamma_2 < 180°$

$\gamma < 90°$.

Für α und β schließt man analog.

Vgl. dazu Aufgabe 3.1.2.

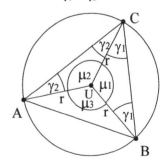

Fig. 3.1.2

Beispiel 3.1.1: Der Winkel β', unter dem sich die Mittelsenkrechten m_{AB} und m_{BC} eines spitzwinkligen Dreiecks schneiden, ist durch β bestimmt (Fig. 3.1.3):

Aus $β_1' = 90° - β_1$ und $β_2' = 90° - β_2$ folgt

$β' = 180° - β$.

Entsprechend erhält man für die Winkel α' und γ' zwischen m_{CA} und m_{AB} bzw. m_{BC} und m_{CA}

$α' = 180° - α$ bzw. $γ' = 180° - γ$

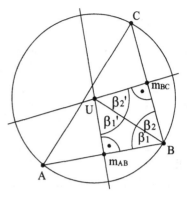

Fig. 3.1.3

Aufgabe 3.1.1: Üben Sie die Konstruktion des Umkreises an selbst gewählten, insbesondere auch an stumpfwinkligen Dreiecken. Ein DGS hilft!

Aufgabe 3.1.2: a) Beweisen Sie: Liegt der Umkreismittelpunkt außerhalb des Dreiecks bzw. auf einer Dreiecksseite, so ist das Dreieck stumpfwinklig bzw. rechtwinklig.
b) Formulieren Sie in Verbindung mit Satz 3.1.2 eine vollständige Aussage über die Lage des Umkreismittelpunkts in Bezug auf das Dreieck.

Aufgabe 3.1.3: Drücken Sie die Winkel zwischen den Mittelsenkrechten im stumpfwinkligen Dreieck durch Dreieckswinkel aus. Beispiel 3.1.1 gilt nur teilweise!

Aufgabe 3.1.4: Ein Kreis ist lediglich durch die Kreislinie gegeben; sein Mittelpunkt ist zu konstruieren.

Aufgabe 3.1.5: Konstruieren Sie ein Dreieck mit c = 6 cm; α = 70°; r = 4 cm.

Aufgabe 3.1.6: Der Umkreisradius eines Dreiecks sei r, sein Umfang sei u. Beweisen Sie die Ungleichung 6r > u. Beachten Sie die unterschiedlichen Dreiecksformen.

Aufgabe 3.1.7: Gibt es eine für alle Dreiecke gültige Ungleichung vom Typ r < k·u mit einer positiven Konstanten k? Gilt beispielsweise immer r < 10u? Sie sollen Ihre Antwort nicht beweisen, sondern nur plausibel machen.

Aufgabe 3.1.8: Das REULEAUX-Dreieck (benannt nach dem Ingenieur FRANZ REULEAUX, 1829 – 1905) besteht aus drei Kreisbögen, die den Seiten der Länge a eines gleichseitigen Dreiecks aufgesetzt sind und die Eckpunkte als Mittelpunkte haben.
Stellen Sie sich mehrere Walzen mit diesem Querschnitt und ein darüber gelegtes Brett vor (Fig. 3.1.4). Wie bewegt sich das Brett, wenn die Walzen sich drehen? Wie weit kommt es bei einer vollen Umdrehung der Walzen? Vergleichen Sie mit Walzen, deren Querschnitt der Umkreis des Dreiecks ist.

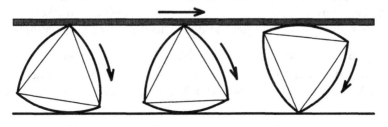

Fig. 3.1.4

3.2   Inkreis

Nach Abschnitt 3.1 bestimmen die drei Eckpunkte eines Dreiecks einen Kreis. Entsprechend bestimmen auch die drei Dreiecksseiten als Tangenten einen Kreis.

Definition 3.2.1: Ein Kreis, der die drei Seiten eines Dreiecks berührt, heißt **Inkreis** des
      Dreiecks.

Definition 3.2.2: ABC sei ein Dreieck. Die Winkelhalbierenden der Dreieckswinkel
      ∠BAC, ∠CBA und ∠ACB heißen **Winkelhalbierende** des Dreiecks.

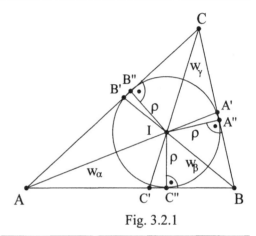

Die Winkelhalbierenden werden meist mit w_α, w_β, w_γ bezeichnet.

In der Regel versteht man unter den Winkelhalbierenden des Dreiecks nicht die Halbgeraden, sondern nur deren Teilstrecken $\overline{AA'}$, $\overline{BB'}$ und $\overline{CC'}$ (Fig. 3.2.1).

Da diese Strecken innerhalb des Dreiecks liegen, heißen sie auch innere Winkelhalbierende (siehe Aufgabe 3.2.5).

Die Figur zeigt bereits den **Inkreis**, also den Kreis, der die Dreiecksseiten berührt. Sein Mittelpunkt wird meist mit I, sein Radius mit ρ bezeichnet.

Fig. 3.2.1

Satz 3.2.1: Jedes Dreieck hat genau einen Inkreis. Sein Mittelpunkt ist der Schnittpunkt
      der drei Winkelhalbierenden des Dreiecks.

Beweis: a) Existenz: Je zwei Winkelhalbierende schneiden sich (Aufgabe 3.2.1). Der Schnittpunkt der Winkelhalbierenden w_α und w_β sei I. Mit den in Fig. 3.2.1 eingetragenen Lotfußpunkten A" und B" gilt nach Satz 2.8.2: $|\,IB''| = |\,IC''|$ und $|\,IC''| = |\,IA''|$.

Damit berührt der Kreis um I mit Radius $\rho = |\,IA''|$ die Seiten in A", B" bzw. C".

b) Winkelhalbierenden-Schnitt:

Aus $|\,IB''| = |\,IC''|$ und $|\,IC''| = |\,IA''|$ folgt $|\,IB''| = |\,IA''|$. Nach Satz 2.8.2 geht damit auch w_γ durch I.

c) Eindeutige Bestimmtheit des Inkreises:

Der Mittelpunkt eines Kreises, der die Schenkel der Dreieckswinkel berührt, hat von diesen den gleichen Abstand. Nach Satz 2.8.2 liegt er auf allen drei Winkelhalbierenden, kann also nur deren Schnittpunkt I sein. Der Inkreis ist damit eindeutig bestimmt.

Zusatz: Da I der Schnittpunkt von w_α und w_β ist, liegt der Lotfußpunkt C" zugleich auf den Halbgeraden AB^+ und auf BA^+, also auf der Seite $\overline{AB}$. Entsprechend liegen auch A" und B" auf den Seiten und nicht etwa auf deren Verlängerungen.

Aufgabe 3.2.1: a) Konstruieren Sie für einige selbst gewählte Dreiecke (auch stumpf-winklige!) den Inkreis. Unterscheiden Sie genau zwischen den Endpunkten der Winkel-halbierenden und den Berührpunkten des Inkreises.
b) Üben Sie die Konstruktion des Inkreises mit einem DGS. Erstellen Sie, falls im DGS diese Möglichkeit besteht, ein Unterprogramm für diese Konstruktion.

Aufgabe 3.2.2: Beweisen Sie: Je zwei Winkelhalbierende des Dreiecks schneiden sich.

Aufgabe 3.2.3: Die Winkelhalbierenden der sechs Außenwinkel in heißen **äußere Win-kelhalbierende**. Da sich je zwei zu einer Geraden ergänzen, nennt man auch diese Ge-raden äußere Winkelhalbierende des Dreiecks.
a) Konstruieren Sie diese Geraden für ein selbst gewähltes Dreieck.
b) Beweisen Sie, dass in jedem Eckpunkt äußere und innere Winkelhalbierende rechte Winkel einschließen.

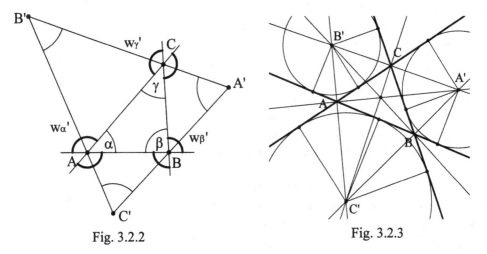

Fig. 3.2.2   Fig. 3.2.3

Aufgabe 3.2.4: Die äußeren Winkelhalbierenden w_α', w_β' und w_γ' bilden ein Dreieck A'B'C' (Fig. 3.2.2). Drücken Sie dessen Winkel durch α, β und γ aus. Beweisen Sie, dass ΔA'B'C' stets spitzwinklig ist.

Aufgabe 3.2.5: ABC sei ein beliebiges Dreieck, A'B'C' das von seinen äußeren Winkel-halbierenden gebildete Dreieck (Fig. 3.2.2). Beweisen Sie:
a) Die Verlängerungen von w_α, w_β und w_γ gehen durch je einen Eckpunkt von ΔA'B'C'.
b) Beweisen Sie: Der Kreis um A', der $\overline{BC}$ berührt, berührt AB und AC.
Dieser Kreis und die entsprechenden Kreise um B' und C' heißen **Ankreise** des Dreiecks.

Aufgabe 3.2.6: Konstruieren Sie möglichst geschickt von Hand oder mit einem DGS ein Dreieck mit Inkreis und Ankreisen.

Aufgabe 3.2.7: Die Formel "Flächeninhalt des Dreiecks $= \dfrac{1}{2} \cdot$ Grundlinie $\cdot$ Höhe" sollte

Ihnen bekannt sein. Beweisen Sie die Formel $A = \dfrac{1}{2} u\rho$, wobei u der Umfang ist.

3.3   Satz des THALES

Der griechische Philosoph THALES VON MILET (etwa 640 bis 546 v. Chr.) soll als erster die Notwendigkeit erkannt haben, mathematische Aussagen zu beweisen, also aus einfacheren Aussagen schlüssig zu begründen. Nach ihm ist ein wichtiger Satz benannt.

Satz 3.3.1 (Satz des THALES): Sei k ein Halbkreis über der Strecke $\overline{AB}$. Liegt der Eckpunkt C eines Dreiecks ABC auf k, so hat das Dreieck bei C einen rechten Winkel.

Der Halbkreis über einer Strecke heißt (etwas inkonsequent) **Thaleskreis**. Der Thaleskreis ist der (halbe) Umkreis des rechtwinkligen Dreiecks.

Beweis: Die Dreiecke AUC und BUC in Fig. 3.3.1 sind gleichschenklig. Daher treten die Teilwinkel γ_1 und γ_2 von γ nochmals bei A bzw. B auf. Also gilt $\alpha = \gamma_1$ und $\beta = \gamma_2$. Nach dem Winkelsummensatz gibt dies

$\gamma_1 + \gamma_2 + \gamma = 2\gamma = 180°$, also

$\gamma = 90°$.

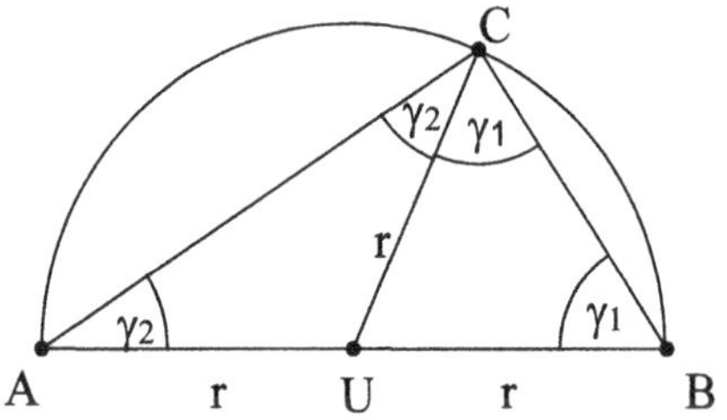

Ebenso wichtig ist umgekehrte Aussage:

Fig. 3.3.1

Satz 3.3.2 (Umkehrung des Satzes des THALES): Ist ein Dreieck rechtwinklig, so liegt der Eckpunkt mit rechtem Winkel auf dem Thaleskreis über der Hypotenuse.

Beweis: Es sei $\gamma = 90°$; der Mittelpunkt der Hypotenuse $\overline{AB}$ sei U. Der Eckpunkt C liegt genau dann auf dem Thaleskreis über $\overline{AB}$, wenn $|UC| = |UA|$ gilt.

Man konstruiert $\Delta A'B'C'$ mit $|A'B'| = |AB|$, $\alpha' = \alpha$

und C' als Schnittpunkt des Thaleskreises über $\overline{A'B'}$ mit dem freien Schenkel von α' (Fig. 3.3.2 unten). Nach dem Satz von Thales gilt $\gamma' = 90°$.
Nach dem Kongruenzsatz SSW$_g$ gilt damit
$\Delta A'B'C' \cong \Delta ABC$.
Es folgt $|A'C'| = |AC|$. Zusammen mit

$$|A'U'| = \frac{1}{2}|A'B'| = \frac{1}{2}|AB| = |AU|$$

und $\alpha' = \alpha$ folgt nach dem Kongruenzsatz SWS
$\Delta A'U'C' \cong \Delta AUC$.
Da nach Konstruktion $\Delta A'U'C'$ gleichschenklig ist, gilt dies auch für ΔAUC. Damit ist $|UC| = |UA|$ bewiesen.

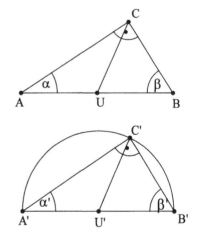

Fig. 3.3.2

Der Satz wurde hier direkt bewiesen, also unter der Voraussetzung der Rechtwinkligkeit. In Aufgabe 3.3.1 wird ein indirekter Beweis entwickelt; es wird also gezeigt, dass ein Eckpunkt mit nicht-rechtem Winkel nicht auf dem Thaleskreis liegt.

Aufgabe 3.3.1: a) Beweisen Sie: Liegt der Eckpunkt C von $\triangle ABC$ außerhalb des Thaleskreises über $\overline{AB}$, so ist der Winkel bei C spitz (Fig. 3.3.3), liegt er innerhalb, so ist er stumpf.
Hinweis: Außenwinkelsatz (Satz 2.4.8)
b) Beweisen Sie Satz 3.3.2 mit Hilfe von a).

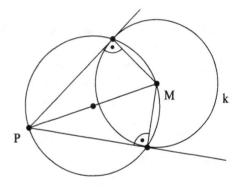

Fig. 3.3.3

Beispiel 3.3.1: Ein rechtwinkliges Dreieck ist konstruierbar, wenn die Hypotenusenlänge c und die Kathetenlänge a gegeben sind:
Man errichtet über $\overline{AB}$ den Thaleskreis und schneidet ihn mit dem Kreis um B mit Radius a. Hierbei wird der Satz des THALES verwendet.

Aufgabe 3.3.2: a) Welche Möglichkeiten gibt es, rechtwinklige Dreiecke durch eine Auswahl von Seiten und Winkeln festzulegen?
b) Geben Sie für die im Beispiel nicht gezeigten Fälle Konstruktionen an.

Aufgabe 3.3.3: Die Tangenten von einem Punkt P aus an einen Kreis k lassen sich mit Hilfe des Thaleskreises konstruieren (Fig. 3.3.4).
a) Führen Sie die Konstruktion aus.
b) Begründen Sie die Konstruktion.

Aufgabe 3.3.4: Liegt der Kreis k_1 außerhalb von k_2, so gibt es vier gemeinsame Tangenten.
a) Beschreiben Sie die Konstruktionen in Fig. 3.3.5 und 3.3.6 und führen Sie diese durch. (In Fig. 3.3.6 fehlen die Bezeichnungen bewusst.)
b) Beweisen Sie: Es gibt nur vier Tangenten.

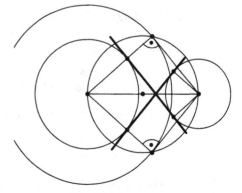

Fig. 3.3.4

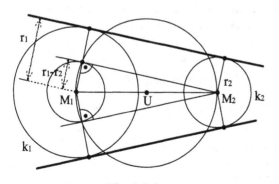

Fig. 3.3.5   Fig. 3.3.6

Aufgabe 3.3.5: a) Konstruieren Sie die gemeinsamen Tangenten zweier Kreise, die sich in zwei Punkten schneiden.
b) Konstruieren Sie die gemeinsamen Tangenten für andere Lagen. Gibt es Sonderfälle?

3.4   Umfangswinkelsatz

Der Satz des THALES trifft eine Aussage über das rechtwinklige Dreieck und seinen Umkreis. Aber auch ein allgemeines Dreieck mit Umkreis enthält eine Winkelbeziehung. Zunächst betrachten wir den Fall, dass der Umkreismittelpunkt U innen liegt (Fig. 3.4.1).

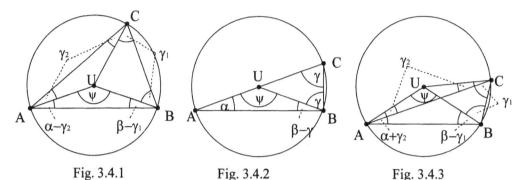

Fig. 3.4.1   Fig. 3.4.2   Fig. 3.4.3

Da die Dreiecke AUC und BUC gleichschenklig sind, finden sich die Teilwinkel γ_1 und γ_2 des Winkels γ nochmals bei A und B. In $\triangle AUB$ ergibt sich damit

$\psi = 180° - (\alpha - \gamma_2) - (\beta - \gamma_1) = 180° - \alpha - \beta + \gamma = 2\gamma$.

Zwei andere Lagen von U bezüglich des Dreiecks sind in Fig. 3.4.2 (U auf einer Dreiecksseite) und Fig. 3.4.3 (U außerhalb des Dreiecks) dargestellt. Man liest ab:

$\psi = 180° - \alpha - (\beta - \gamma) = 180° - \alpha - \beta + \gamma = 2\gamma$.

$\psi = 180° - (\alpha + \gamma_2) - (\beta - \gamma_1) = 180° - \alpha - \beta + \gamma_1 - \gamma_2 = 180° - \alpha - \beta + \gamma = 2\gamma$.

Da ψ nicht von C abhängt, bleibt γ konstant, wenn sich C auf dem Kreis bewegt.

Da $\psi < 180°$ gilt, ist γ spitz. Falls U und C anders als in obigen Figuren in verschiedenen Halbebenen bezüglich der Geraden AB liegen, ändert sich der Zusammenhang zwischen γ und ψ, und γ ist stumpf (Aufgabe 3.4.4).

Satz 3.4.1 (Umfangswinkelsatz): Der Kreis k um U wird durch die Sehne $\overline{AB}$ in zwei Bögen b_1 und b_2 zerlegt, wobei b_1 und U in der in derselben Halbebene bezüglich der Geraden AB liegen.

Durchläuft C den Bogen b_1, so erscheint die Sehne $\overline{AB}$ von C aus immer unter dem gleichen spitzen Winkel γ. Die Winkel bei C heißen **Umfangswinkel**.

Erscheint die Sehne $\overline{AB}$ von U aus unter dem Winkel ψ, so gilt $\gamma = \dfrac{1}{2}\psi$.

Der Umfangswinkelsatz lässt sich umkehren. Zum Beweis siehe Aufgabe 3.4.5.

Satz 3.4.2 (Umkehrung des Umfangswinkelsatzes): Liegt ein Punkt C in derselben Halbebene bezüglich AB wie U, aber nicht auf dem Kreis, und erscheint $\overline{AB}$ von C aus unter dem Winkel γ, so gilt $\gamma \neq \dfrac{1}{2}\psi$.

Aufgabe 3.4.1: Überzeugen Sie sich mithilfe eines DGS anschaulich von der Richtigkeit des Umfangswinkelsatzes 3.4.1.

Beispiel 3.4.1: $\triangle ABC$ mit c = 8 cm; $\gamma = 70°$; d(C, AB) = 5 cm wird konstruiert (Fig. 3.4.4):

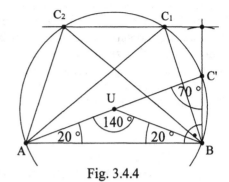

Der Umkreis mit Sehne $\overline{AB}$ und Umfangswinkel 70° wird als Umkreis eines Hilfsdreiecks konstruiert. Dafür gibt es mehrere Möglichkeiten:

1) $\triangle ABC'$, rechtwinklig bei B,
$\alpha = 90° - \gamma = 20°$;
U ist Mittelpunkt der Hypotenuse.

2) $\triangle ABU$, gleichschenklig, Basiswinkel 20°, womit $\psi = 2\gamma$ erfüllt ist.

Fig. 3.4.4

3) $\triangle ABC''$, gleichschenklig, Basiswinkel 55° (nicht in Fig. 3.4.4 dargestellt, Weiteres zur eigenen Überlegung!)
Die Parallele zu AB im Abstand d schneidet den Kreis in C_1 und C_2. Die Dreiecke ABC_1 und ABC_2 sind zueinander kongruent (Aufgabe 3.4.3).

Aufgabe 3.4.2: Konstruieren Sie folgende Dreiecke; üben Sie dabei die verschiedenen im Beispiel erklärten Konstruktionswege.

a) c = 7 cm; $\gamma = 40°$, d(C, AB) = 3 cm,   b) a = 4 cm; $\alpha = 25°$, d(A, BC) = 3 cm,
c) b = 7 cm; a = 5 cm; $\beta = 60°$,   d) b = 8 cm; a = 9 cm; $\beta = 60°$,
e) c = 8 cm; $|CM_c| = 5\,cm$; $\gamma = 65°$, wobei M_c der Mittelpunkt von $\overline{AB}$ ist.

Aufgabe 3.4.3: Beweisen Sie, dass die Dreiecke ABC_1 und ABC_2 aus dem Beispiel zueinander kongruent sind.

Aufgabe 3.4.4: Liegen C und U in verschiedenen Halbebenen bezüglich der Geraden AB, gilt die Beziehung

$\gamma = \dfrac{1}{2}\psi$ nicht mehr. Ermitteln Sie die neue Beziehung

zwischen γ und ψ. Fig. 3.4.5 gibt einen Hinweis.

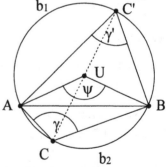

Aufgabe 3.4.5: Beweisen Sie die Umkehrung des Umfangswinkelsatzes analog zur Umkehrung des Satzes des THALES (Aufgabe 3.3.1).

Fig. 3.4.5

Aufgabe 3.4.6: a) Die Mittelsenkrechte m_{AB} schneide den Umkreis k von $\triangle ABC$ in S, wobei S und U durch AB getrennt sind. Beweisen Sie: S liegt auf der Winkelhalbierenden w_γ.
b) T ist der zweite Schnittpunkt von m_{AB} mit k. Welche besondere Lage hat T?

Aufgabe 3.4.7: Erkunden Sie mit Hilfe eines DGS das Dreieck $S_aS_bS_c$, dessen Eckpunkte die Schnittpunkte der Mittelsenkrechten m_{AB}, m_{BC}, m_{CA} mit dem Umkreis sind. (S_c entspricht S aus Aufgabe 3.4.6.)

3.5 Höhen

Die Lote von den Eckpunkten auf die Gegenseiten oder ihre Verlängerungen heißen **Höhen** des Dreiecks. Die Lotfußpunkte nennt man **Höhenfußpunkte**. Fig. 3.5.1 zeigt die üblichen Bezeichnungen. Beim stumpfwinkligen Dreieck liegen zwei Höhenfußpunkte auf den Verlängerungen der Seiten (Aufgabe 3.5.1 und 3.5.2).

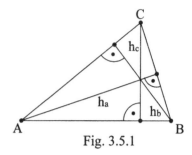
Fig. 3.5.1

Satz 3.5.1: Die drei (nötigenfalls verlängerten) Höhen eines Dreiecks schneiden sich in einem Punkt, dem **Höhenschnittpunkt H**.

Beweis: Die Parallelen zu AB durch C und zu AC durch B schneiden sich in A' (Fig. 3.5.2).
Es gilt $\triangle ABC \cong \triangle A'CB$, analog $\triangle ABC \cong \triangle B'AC$ und $\triangle ABC \cong \triangle C'BA$.
Im Gesamtdreieck A'B'C' gilt daher $|B'C| = |AB| = |CA'|$.

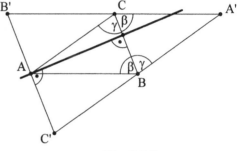

Somit ist C der Mittelpunkt von $\overline{B'A'}$. Entsprechend sind auch A und B Seitenmitten. Die Höhen von $\triangle ABC$ liegen also

Fig. 3.5.2

auf den Mittelsenkrechten von $\triangle A'B'C'$, so dass der Höhenschnittpunkt H mit dem Umkreismittelpunkt U' zusammenfällt. (Fig. 3.5.2 zeigt nur eine Mittelsenkrechte bzw. Höhe.)

Der folgende Satz beschreibt eine interessante Eigenschaft der Höhen.

Satz 3.5.2: Die Höhen des spitzwinkligen Dreiecks sind die Winkelhalbierenden des Höhenfußpunktdreiecks.

Beweis: Die Höhenfußpunkte B' und C' liegen auf Thaleskreisen über $\overline{AH}$ (Fig. 3.5.3).
Nach dem Umfangswinkelsatz gilt $\angle HC'B' = \alpha_1$.
Außerdem gilt
$\angle CBB' = 90° - \gamma = \angle A'AC = \alpha_1$.
Analog folgt $\angle A'C'C = \alpha_1$.
Damit ist die Höhe h_c Winkelhalbierende im Höhenfußpunktdreieck A'B'C'.
Analog gilt dies auch für h_a und h_b.

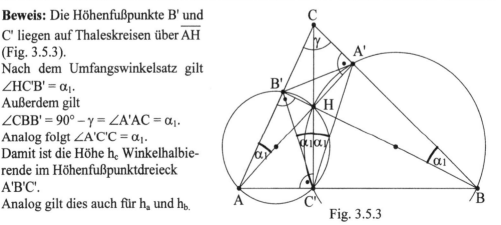
Fig. 3.5.3

Aufgabe 3.5.1: Konstruieren Sie (am besten mit einem DGS und verziehbar) die Höhen in selbst gewählten Dreiecken, auch in stumpfwinkligen und rechtwinkligen.

Aufgabe 3.5.2: Warum liegt der Höhenschnittpunkt des stumpfwinkligen Dreiecks außen? Sie können umgekehrt argumentieren: Liegt H innen, liegt auch C' innen, …

Beispiel 3.5.1: Das Dreieck mit $a = 7$ cm; $c = 9$ cm; $h_b = 6$ cm wird konstruiert.

1) Skizze und Analyse
Das Teildreieck ABB' ist rechtwinklig (Fig. 3.5.4). Daher liegt B' auf dem Thaleskreis über $\overline{AB}$ und auf dem Kreis um B mit Radius h_b.

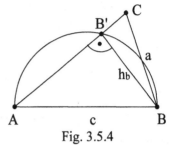

Fig. 3.5.4

2) Konstruktion
Der Punkt B' ergibt sich gemäß 1). Der Eckpunkt C ist Schnittpunkt von AB' mit dem Kreis um B mit Radius a. Es gibt zwei Schnittpunkte. (Die "Skizze" in Fig. 3.5.4 zeigt nur einen Schnittpunkt.)

3) Bestimmtheitsprüfung
Es ergeben sich zwei Dreiecke ABC_1 und ABC_2. Sie sind nicht zueinander kongruent.

4) Allgemeine Überlegung zur Konstruierbarkeit
Offenbar ist $h_b < c$ eine notwendige Bedingung für die Lösbarkeit. Falls dann $a < h_b$ gilt, gibt es kein Dreieck, bei $a = h_b$ ein Dreieck, bei $a \geq h_b$ und $a < c$ zwei (nicht zueinander kongruente) Dreiecke, bei $a \geq h_b$ und $a \geq c$ wieder nur ein Dreieck.

Aufgabe 3.5.3: Konstruieren Sie alle Dreiecke mit
a) $c = 7$ cm, $\alpha = 40°$, $h_c = 5$ cm,   b) $c = 9$ cm, $\gamma = 60°$, $h_c = 4$ cm,
c) $a = 5$ cm, $c = 4{,}5$ cm, $h_c = 3{,}5$ cm,   d) $a = 7$ cm, $b = 8$ cm, $h_c = 6$ cm,
e) $a = 7$ cm, $c = 6$ cm, $h_b = 5$ cm,   f) $c = 8$ cm, $h_a = 7$ cm, $h_b = 6$ cm
Arbeiten Sie die Punkte 1) bis 4) wie im Beispiel ab.

Aufgabe 3.5.4: H sei der Höhenschnittpunkt des Dreiecks ABC. Welche Höhenschnittpunkte haben die Dreiecke HAB, HBC, HCA?

Aufgabe 3.5.5: Beweisen Sie: Ein spitzwinkliges Dreieck ist gleichschenklig, falls
a) h_c auf w_γ liegt,   b) h_c auf m_{AB} liegt,   c) h_a und h_c gleichlang sind.

Aufgabe 3.5.6: a) Drücken Sie für ein spitzwinkliges Dreieck die Winkel α', β' und γ' des Höhenfußpunktdreiecks durch α, β und γ aus.
b) Für welche spitzwinkligen Dreiecke ist das Höhenfußpunktdreieck
(1) gleichschenklig,   (2) gleichseitig,   (3) rechtwinklig,
(4) rechtwinklig-gleichschenklig,   (5) mit dem Ausgangsdreieck winkelgleich?

Aufgabe 3.5.7: Konstruieren Sie das Dreieck, dessen Höhenfußpunktdreieck die Seitenlängen $a' = 4$ cm; $b' = 3{,}5$ cm; $c' = 5$ cm hat.

Aufgabe 3.5.8: Erkunden Sie mit einem DGS das Höhenfußpunktdreieck eines stumpfwinkligen Dreiecks.

4 Ähnlichkeit

4.1 Strahlensätze

Streckenverhältnisse

Wir gehen von zwei Strecken $\overline{AB}$ und $\overline{CD}$ aus, wobei $\overline{CD}$ von der Nullstrecke verschieden ist. Nach Abschnitt 2.2 gibt es nach Auszeichnung einer Maßeinheit e zwei reelle Maßzahlen r und s, so dass $|AB| = r{\cdot}e$ und $|\overline{CD}| = s{\cdot}e$. Unter dem Verhältnis der Längen beider Strecken verstehen wir das Verhältnis ihrer Maßzahlen:

$$|AB| : |CD| = r : s = \frac{r}{s}$$

Statt vom Verhältnis der Längen der Strecken spricht man üblicherweise vom Verhältnis der Strecken.

Das Verhältnis zweier Strecken ist demnach eine nicht negative reelle Zahl.

Strahlensätze

Die Geraden, die durch einen Punkt Z gehen, bilden ein **Geradenbüschel** mit Zentrum Z. g und h seien zwei Geraden eines solchen Büschels. Diese beiden Geraden werden von zwei zueinander parallelen Geraden AA* und BB* geschnitten (Fig. 4.1.1). Wir nehmen zunächst an, dass $\overline{ZA}$ und $\overline{ZB}$ Vielfache einer Einheitsstrecke e sind. Dann gilt mit zwei natürlichen Zahlen m und n für diese Strecken $\overline{ZA} = m{\cdot}e$ und $\overline{ZB} = n{\cdot}e$.

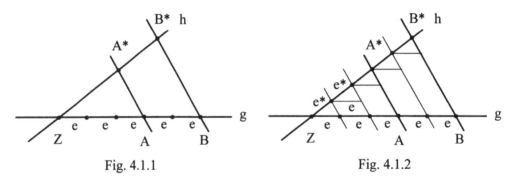

Fig. 4.1.1   Fig. 4.1.2

In Figur 4.1.1 ist m = 3 und n = 5. Wir ergänzen die Figur durch Parallelen zu AA* durch die Endpunkte der Einheitsstrecken auf g. In den Schnittpunkten mit ZB* werden parallel zu g Einheitsstrecken abgetragen (Fig. 4.1.2). Nach Kongruenzsatz WSW sind alle an $\overline{ZB^*}$ anliegenden Hilfsdreiecke kongruent. Die Parallelen zu AA* zerlegen damit die Strecke $\overline{ZB^*}$ in n gleich lange Strecken e*. Insgesamt ergeben sich die Streckenverhältnisse:

$$|ZA| : |ZB| = m : n \qquad\qquad |ZA^*| : |ZB^*| = m : n$$

und daraus folgt

$$|ZA| : |ZB| = |ZA^*| : |ZB^*|$$

Aufgabe 4.1.1: Werden die Geraden g und h durch Z von den Parallelen AA* und BB* auf verschiedenen Seiten bezüglich Z geschnitten. Wie in Fig. 4.1.2 stellt e eine Einheitsstrecke parallel zu g dar. Zeigen Sie, dass auch in diesem Fall gilt:

$$|ZA| : |ZB| = |ZA^*| : |ZB^*|$$

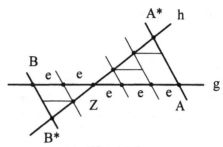

Fig. 4.1.3

Aufgabe 4.1.2: Die Fig. 4.1.4 ist aus der Fig. 4.1.2 hervorgegangen. Die von ZB* ausgehenden und zu g parallelen Einheitsstrecken wurden so verlängert, dass sie die Gerade BB* treffen.

Welche Strecken in Fig. 4.1.4 sind jeweils gleich lang? Begründen Sie Ihre Antwort. Zeigen Sie, dass

$$|ZA| : |ZB| = |AA^*| : |BB^*|$$

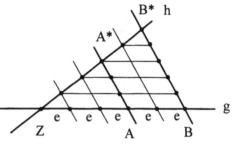

Fig. 4.1.4

Aufgabe 4.1.3: Zwei Strecken $\overline{AB}$ und $\overline{CD}$ haben die Längen 4,4 m bzw. 5,5 cm. Wählen Sie Maßeinheiten so, dass das Streckenverhältnis $|AB| : |CD|$ mit Hilfe natürlicher Zahlen angegeben werden kann. Welche dieser Maßeinheiten ist die größte? Verfahren Sie analog mit zwei Strecken, welche bezüglich einer Maßeinheit e die Längen $\frac{5}{7} \cdot e$ bzw. $\frac{4}{9} \cdot e$ haben. Zeigen Sie, dass das Verhältnis zweier Strecken, die bezüglich der gleichen Maßeinheit jeweils rationale Maßzahlen besitzen, mit Hilfe natürlicher Zahlen beschrieben werden kann.

Folgerung 4.1.1: Aus der vorangegangenen Aufgabe 4.1.3 ergibt sich sofort, dass alle bisherigen Aussagen über die Strahlensatzfiguren 4.1.1 bis 4.1.4 auch in den Fällen richtig sind, in denen die Längen der Strecken $\overline{ZA}$ und $\overline{ZB}$ rationale Maßzahlen bezüglich der gleichen Maßeinheit haben. Diese Voraussetzung ist nicht nicht immer gegeben. Bereits an elementaren Figuren treten irrationale Streckenverhältnisse auf.

Beispielsweise sei ein Quadrat mit der Seitenlänge 1 gegeben. Die Länge der Diagonalen beträgt dann bekanntlich $\sqrt{2}$. Da $\sqrt{2}$ keine rationale Zahl ist, ist auch das Verhältnis der Diagonalen zur Seite $\sqrt{2} : 1 = \sqrt{2}$ nicht rational.

Die bisherigen Untersuchungen von Streckenverhältnissen gingen bei Annahme einer
geeigneten Maßeinheit e stets von rationalen Maßzahlen der vorkommenden Strecken
aus. Die Streckenverhältnisse konnten dann jeweils als Verhältnis rationaler oder natürli-
cher Zahlen angegeben werden. Die Einschränkung auf rationale Maßzahlen ist unnötig.
Da jede reelle Zahl beliebig genau durch rationale Zahlen angenähert werden kann, kann
man auch das Verhältnis reeller Zahlen beliebig genau durch rationale Zahlen annähern.
Es ist daher plausibel, dass die Aussagen über die Streckenverhältnisse in den Figuren 4.1.2 bis 4.1.4 auch im Falle irrationaler Maßzahlen richtig bleiben. Wir verzichten
auf eine Begründung dieser Überlegungen und betrachten, soweit die Maßzahlen irrational sind, die beiden folgenden Strahlensätze als unbewiesene Grundsätze.

Fig. 4.1.5   Fig. 4.1.6

Satz 4.1.1: Werden zwei Geraden g und h eines Büschels mit Zentrum Z von zwei
parallelen Geraden AA* und BB* geschnitten, so gilt (Fig. 4.1.5, 4.1.6):

1. Strahlensatz $|ZA| : |ZB| = |ZA^*| : |ZB^*|$

2. Strahlensatz $|ZA| : |ZB| = |AA^*| : |BB^*|$

Folgerung 4.1.2: Unter den Voraussetzungen des Satzes 4.1.1 folgt aus Fig. 4.1.5 mit
einer reellen Zahl k > 1

$$|ZB| : |ZA| = |ZB^*| : |ZA^*| = k$$

$$|AB| = |ZB| - |ZA| = (k - 1) \cdot |ZA|$$

$$|A^*B^*| = |ZB^*| - |ZA^*| = (k - 1) \cdot |ZA^*|$$

und damit

$$|ZA| : |ZA^*| = |AB| : |A^*B^*|$$

oder

$$|ZA| : |AB| = |ZA^*| : |A^*B^*|$$

Im Falle der in Fig. 4.1.6 dargestellten Situation ist von folgendem Ansatz auszugehen:

$$|ZB| : |ZA| = |ZB^*| : |ZA^*| = k$$

$$|AB| = |ZB| + |ZA| = (k + 1) \cdot |ZA|$$

$$|A^*B^*| = |ZB^*| - |ZA^*| = (k + 1) \cdot |ZA^*|$$

Aufgabe 4.1.4: Zeigen Sie an Hand von Fig. 4.1.5 und Fig. 4.1.6, dass auch folgende Variante des ersten Strahlensatzes richtig ist:

$$|ZB| : |AB| = |ZB^*| : |A^*B^*|$$

Aufgabe 4.1.5: Zwei Geraden g und h eines Büschels werden von vier paarweise parallelen Geraden CA, DB, PR und QS geschnitten (Figur 4.1.7). Zeigen Sie, dass

$$|AB| : |CD| = |PQ| : |RS|.$$

Hinweis: Beachten Sie das Ergebnis von Aufgabe 4.1.4 und den ersten Strahlensatz.

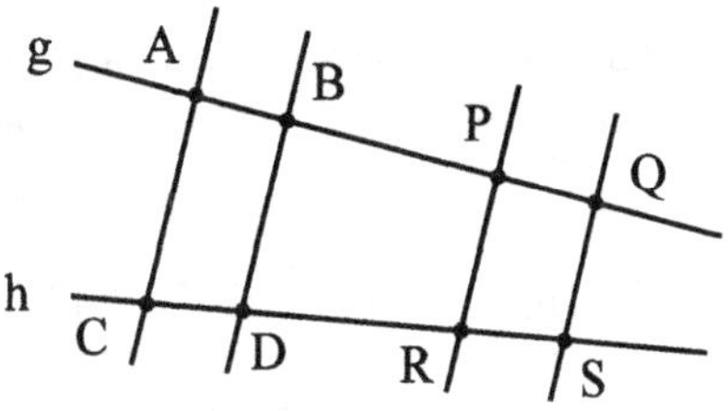

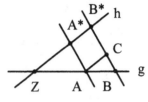

Fig. 4.1.7

Aufgabe 4.1.6: Der zweite Strahlensatz lässt sich aus dem ersten Strahlensatz ableiten. In Fig. 4.1.8 liegt die Strecke $\overline{AC}$ parallel zu h. Mit B als Zentrum und den Geraden BZ und BB* als Büschelgeraden gilt nach Aufgabe 4.1.4:

$$|BZ| : |AZ| = |BB^*| : |CB^*|$$

Zeigen Sie, dass sich daraus der zweite Strahlensatz ergibt.

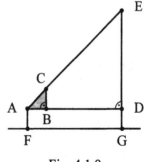

Fig. 4.1.8

Die Strahlensätze finden seit über 2000 Jahren Anwendung in der Astronomie und im Vermessungswesen. Beispielsweise bestimmte ARISTARCHOS VON SAMOS mit ihrer Hilfe um 260 v. Chr. Mond- und Sonnendurchmesser. Das folgende Beispiel 4.1.1 betrifft das Bestimmen von Längen im Gelände.

Beispiel 4.1.1: Mit Hilfe eines gleichschenklig rechtwinkligen Peildreiecks, einem so genannten Försterdreieck, kann man die Höhe eines Baumes, eines Hauses usw. ermitteln. In Fig. 4.1.9 sei die Länge der lotrechten Strecke $\overline{EG}$ gesucht. Man hält das Peildreieck ABC so, dass BC parallel zu EG ist. Dann bestimmt man mittels Peilen von A über C den Fußpunkt F so, dass E auf CA liegt. Peilt man von A über B, so erhält man D auf $\overline{EG}$. Wegen $|AB| = |BC|$ ist nach dem zweiten Strahlensatz $|AD| = |DE|$. Die Länge von $\overline{AD}$ ist gleich der von $\overline{FG}$ und direkt am Boden messbar. Auch die Höhe $|AF|$ des Augenpunktes A ist messbar. Damit ist $|EG| = |AF| + |FG|$.

Fig. 4.1.9

Von den beiden Strahlensätzen ist nur der erste umkehrbar. Wir beschränken uns auf den Fall, dass A zwischen Z und B liegt (Fig. 4.1.10). Wenn Z zwischen A und B liegt, wird völlig analog geschlossen.

Satz 4.1.2: Werden zwei Geraden g und h eines Büschels mit Zentrum Z von zwei
  Geraden AA* und BB* so geschnitten, dass

$$|ZA| : |ZB| = |ZA^*| : |ZB^*|$$

  gilt, dann sind AA* und BB* parallel.

Fig. 4.1.10   Fig. 4.1.11

Beweis: Wir gehen indirekt vor und nehmen an, dass AA* und BB* nicht parallel sind (Fig. 4.1.11). Dann schneidet die Parallele zu AA* durch B die Gerade h in einem von B* verschiedenen Punkt C*. Nach dem ersten Strahlensatz ist $|ZA^*| : |ZC^*| = |ZA| : |ZB|$. Nach Voraussetzung ist $|ZA| : |ZB| = |ZA^*| : |ZB^*|$, d.h. $|ZA^*| : |ZC^*| = |ZA^*| : |ZB^*|$. Dies ist nur möglich für B* = C* im Widerspruch zur Annahme B* ≠ C*.

In Fig. 4.1.12 ist AA* parallel zu BB* und $|ZA| : |ZB| = |AA^*| : |BB^*|$. Dann folgt in völlig analoger Weise mit Hilfe des zweiten Strahlensatzes, dass Z, A* und B* auf einer Geraden liegen. Beim Beweis kann man hier von der Annahme ausgehen, dass sich die Geraden BB* und ZA* in einem von B* verschiedenen Punkt C* schneiden.

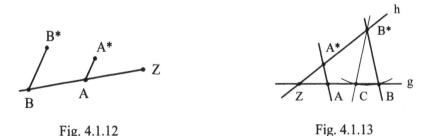

Fig. 4.1.12   Fig. 4.1.13

Der zweite Strahlensatz ist nicht umkehrbar, wie folgendes Gegenbeispiel zeigt. In Fig. 4.1.13 sei der Winkel $\angle$ ZAA* kein rechter Winkel und AA* parallel zu BB*. Dann ist nach dem zweiten Strahlensatz $|ZA| : |ZB| = |AA^*| : |BB^*|$. Wir wählen nun C ≠ B auf g so, dass $|B^*B| = |B^*C|$ ist. Damit gilt $|ZA| : |ZB| = |AA^*| : |CB^*|$, aber CB* ist nicht parallel zu AA*.

Aufgabe 4.1.7: Es ist die Breite |AB| eines Flusses zu bestimmen (Fig. 4.1.14). BD wurde parallel zu CE abgesteckt. Gemessen wurden |BC| = 25,5 m, |BD| = 8,3 m und |CE| = 19,8 m. Berechnen Sie die Breite des Flusses.

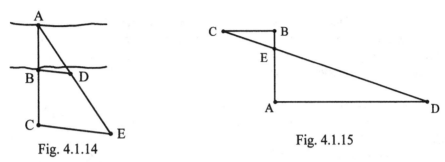

Fig. 4.1.14   Fig. 4.1.15

Aufgabe 4.1.8: Das folgende Verfahren zur Bestimmung einer Flussbreite stammt von LEONARDO DA VINCI (1452 – 1519). In Fig. 4.1.15 stellt |AD| die Flussbreite dar. Am anliegenden Ufer bei Punkt A wird ein Stab senkrecht in die Erde gerammt. Am oberen Ende B des Stabes wird waagerecht ein Stab $\overline{BC}$ angebracht. Schließlich peilt man von C aus das andere Ufer D an und markiert den Punkt E auf $\overline{AB}$.
Berechnen Sie die Breite des Flusses für folgende Messwerte: |AB| = 1,70 m, |BC| = 80 cm, |BE| = 18 cm.

Aufgabe 4.1.9: g und h seien zwei Geraden, die sich in Z schneiden. Konstruieren Sie einen Punkt P, dessen Abstände von g bzw. h sich wie 2 : 3 verhalten (Fig. 4.1.16). Zeigen Sie, dass dies für alle Punkte der Geraden ZP gilt.

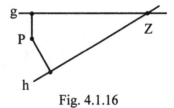

Fig. 4.1.16

Aufgabe 4.1.10: Gegeben sind zwei Dreiecke ABC und A*B*C*. Entsprechende Ecken liegen auf Geraden, die entweder durch einen Punkt Z gehen (Fig. 4.1.17) oder parallel sind (Fig. 4.1.18). Nach GIRARD DESARGUES (1591 – 1661) gilt dann: Wenn AB parallel ist zu A*B* und BC parallel ist zu B*C*, dann ist auch AC parallel zu A*C*.

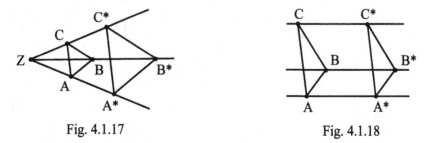

Fig. 4.1.17   Fig. 4.1.18

Beweisen Sie den ersten Fall mit Hilfe des ersten Strahlensatzes und seiner Umkehrung und den zweiten Fall mit Hilfe von Kongruenzsätzen.

4.2   Ähnlichkeitssätze

Ähnlichkeit

Zwei Figuren werden als zueinander ähnlich bezeichnet, wenn sie durch eine maßstäbliche Vergrößerung oder Verkleinerung auseinander hervorgehen. Beispielsweise sind
zwei gleichseitige Dreiecke in diesem Sinn stets zueinander ähnlich. Der Begriff Ähnlichkeit soll nun präzisiert werden.

Dabei gehen wir wie beim Begriff Kongruenz von der Konstruktion von Dreiecken aus.
Gegeben sei ein Dreieck ABC und ein
Punkt Z. Von Z aus verlängern wir die
Strecken $\overline{ZA}$, $\overline{ZB}$ und $\overline{ZC}$ mit dem Faktor 2 und erhalten die Eckpunkte A′, B′, C′
eines weiteren Dreiecks (Fig. 4.2.1). Zwischen den Seiten und Winkeln der Dreiecke
ABC und A′B′C′ bestehen auffallende
Beziehungen.

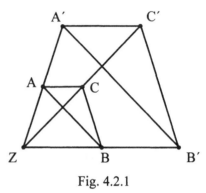

Fig. 4.2.1

Offensichtlich sind AC und A′C′ parallel. Dies kann man beispielsweise mit Lineal und
Geodreieck nachprüfen. Das Analoge gilt für die anderen Seitenpaare. Weiterhin sind
die Seiten des Dreiecks A′B′C′ doppelt so lang wie die entsprechenden Seiten des Dreiecks ABC. Schließlich sind entsprechende Winkel beider Dreiecke gleich groß.
Das Dreieck A′B′C′ ist offenbar aus dem Dreieck ABC durch eine Vergrößerung mit
dem Faktor 2 hervorgegangen. Diese Vergrößerung beruht auf einer Abbildung der Ebene auf sich, der zentrischen Streckung. Mit deren Hilfe kann der Begriff Ähnlichkeit in
einfacher Weise erklärt werden.

Zentrische Streckungen

Gegeben seien ein Punkt Z, das Zentrum der Streckung, und eine reelle Zahl $k \neq 0$, der

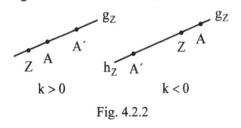

Fig. 4.2.2

Streckfaktor. Zu einem Punkt erhält man
dessen Bild wie folgt (Fig. 4.2.2). Z bleibt
fest, d.h. Z′ = Z. Für $A \neq Z$ und $k > 0$ liegt
das Bild A′ auf der Halbgeraden g_Z von Z
durch A, und es ist $|ZA'| = k \cdot |ZA|$. Ist
$k < 0$, so liegt A′ auf der zu g_Z komple-
mentären Halbgeraden h_Z, und es ist

$|ZA'| = |k| \cdot |ZA|$, wobei $|k|$ der Betrag von k ist. Wir bezeichnen diese Abbildung durch
$S_{Z,k}$. Die oben bereits angesprochenen Eigenschaften der zentrischen Streckung ergeben sich unmittelbar aus der Abbildungsvorschrift und den Strahlensätzen.

Zwischen dem Vergrößern und dem zentrischen Strecken von Figuren besteht folgender Zusammenhang. ε_1 und ε_2 seien zwei parallele Ebenen (Fig. 4.2.3). Die von einer punktförmigen Lichtquelle L ausgehenden Strahlen treffen in der Ebene ε_1 auf ein Dreieck und erzeugen in der Ebene ε_2 ein vergrößertes Schattenbild des Dreiecks. Fig. 4.2.4 zeigt diese Anordnung senkrecht von oben betrachtet.

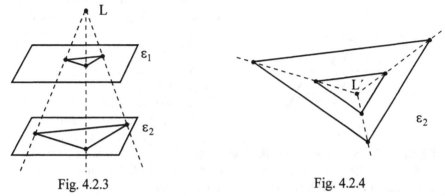

Fig. 4.2.3   Fig. 4.2.4

Die Dreiecke in Fig. 4.2.4 gehen - ohne dass wir dies begründen - durch zentrische Streckungen mit Zentrum L' auseinander hervor. Die zentrischen Streckungen stellen somit ein Verfahren dar, Figuren in der Ebene konstruktiv zu vergrößern oder zu verkleinern.

Im Alltag versteht man unter „Strecken" im Allgemeinen Verlängern, Vergrößern o.ä. Bei der zentrischen Streckung einer Figur trifft dies nur für $|k| > 1$ zu (Fig. 4.2.5). Wenn $1 > |k| > 0$ ist, wird die Figur gestaucht (Fig. 4.2.6).

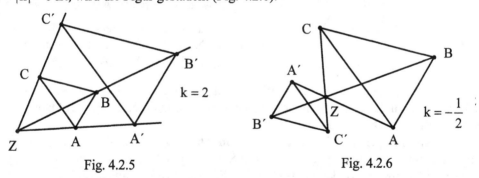

Fig. 4.2.5   Fig. 4.2.6

Aufgabe 4.2.1: Zeigen Sie, dass eine zentrische Streckung durch die Angabe des Zentrums Z, eines Punktes $A \neq Z$ und seines Bildpunktes A' auf der Geraden ZA eindeutig bestimmt ist. Geben Sie die Fixpunkte und Fixgeraden der Abbildung an (Fallunterscheidungen!).

Aufgabe 4.2.2: Zeigen Sie, dass bei einer zentrischen Streckung verschiedene Punkte verschiedene Bildpunkte haben. Zentrische Streckungen sind demnach umkehrbare Abbildungen. Geben Sie zu $S_{Z,k}$ die Umkehrabbildung an.

Satz 4.2.1: Bei einer zentrischen Streckung werden Geraden auf Geraden abgebildet. Urbildgerade und Bildgerade sind zueinander parallel.

Beweis: Wir zeigen zunächst, dass bei der zentrischen Streckung $S_{Z,k}$ Geraden auf

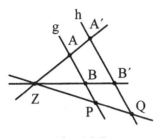

Fig. 4.2.7

Geraden abgebildet werden. In Fig. 4.2.7 ist eine Gerade g mit den beiden Punkten A und B gegeben. A′ und B′ sind die Bilder von A und B bei $S_{Z,k}$ und h ist die Gerade durch die Punkte A′ und B′. Wegen $|ZA| : |ZA'| = |ZB| : |ZB'| = k$ ist nach der Umkehrung des ersten Strahlensatzes h parallel zu g. Sei P ein beliebiger weiterer Punkt auf g. Wir haben nachzuweisen, dass

P′ auf h liegt. Q sei der Schnittpunkt von g und ZP. Nach dem ersten Strahlensatz ist $|ZA| : |ZA'| = |ZP| : |ZP'| = |ZP| : |ZQ| = k$, d.h. P′ = Q. Folglich ist h das Bild von g bei $S_{Z,k}$ und parallel zu g. Bei $k < 0$ schließt man entsprechend.

Satz 4.2.2: Bei einer zentrischen Streckung $S_{Z,k}$ wird eine Strecke $\overline{AB}$ auf eine Strecke der Länge $|k|\cdot|AB|$ abgebildet.

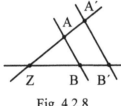

Fig. 4.2.8

Beweis: Bei der zentrischen Streckung $S_{Z,k}$ wird die Strecke $\overline{AB}$ abgebildet auf die dazu parallele Strecke $\overline{A'B'}$ (Fig. 4.2.8). Nach dem zweiten Strahlensatz ist dann $|k| = |ZA| : |ZA'| = |AB| : |A'B'|$.

Zentrische Streckungen bilden zudem Winkel auf gleich große Winkel ab (s. Aufgabe 4.2.4). Sie erfüllen damit die Bedingungen, die wir an das maßstäbliche Vergrößern bzw. Verkleinern stellen. Damit definieren wir:

Zwei Figuren sind genau dann **zueinander ähnlich** (in Zeichen: ~), wenn die erste Figur durch eine Verkettung einer zentrischen Streckung und einer Kongruenzabbildung auf die zweite Figur abgebildet werden kann. In Fig. 4.2.9 ist F_1 ähnlich zur F_2.

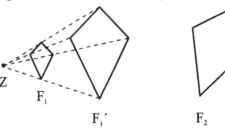

Fig. 4.2.9

Beispiel 4.2.1: Eine Streckung $S_{Z,k}$ sei durch das Zentrum Z, den Punkt A und dessen

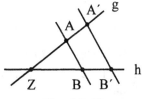

Bild A′ auf der Geraden g gegeben (Fig. 4.2.10). Es soll das Bild eines Punktes B, der nicht auf g liegt, konstruiert werden. Man zeichnet zuerst die Gerade h durch Z und B und anschließend die Gerade AB. Das Bild von AB bei $S_{Z,k}$ geht durch A′ und ist parallel zu AB. Das Bild B′ von B

Fig. 4.2.10

liegt auf h und auf dieser Parallelen zu AB, ist also der Schnittpunkt der beiden Geraden.

Aufgabe 4.2.3: Konstruieren Sie unter den gleichen Voraussetzungen das Bild eines Punktes C, welcher auf der Geraden g liegt.

Aufgabe 4.2.4: Zeigen Sie an Hand von Fig. 4.2.11, dass bei einer zentrischen Streckung $S_{Z,k}$ Winkel auf gleich große Winkel abgebildet werden.

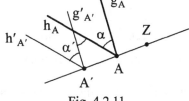

Fig. 4.2.11

Bei zueinander ähnlichen Vielecken sind demnach die Verhältnisse entsprechender Seiten gleich und entsprechende Winkel sind gleich groß.

Bei der Ähnlichkeit ebener Figuren spielt neben der zentrischen Streckung auch die Kongruenz von Figuren eine Rolle. In Kap. 2.4 wurde die Kongruenz von Dreiecken durch Längen- und Winkelgleichheiten erklärt. Dies läßt sich auf beliebige Figuren übertragen. Man kan zeigen, dass zwei Figuren genau dann kongruent sind, wenn sie sich durch eine Kongruenzabbildung, also eine Achsenspiegelung, Verschiebung, Drehung oder eine Schubspiegelung ineinander überführen lassen. Alle Kongruenzabbildungen sind als Verkettungen von Achsenspiegelungen (Kap. 2.9) darstellbar. Analog erklärt man die Ähnlichkeit von Figuren. Zwei Figuren sind ähnlich, wenn sie durch eine Verkettung von Kongruenzabbildungen und zentrischen Streckungen aufeinander abgebildet werden können. Derartige Abbildungen nennt man **Ähnlichkeitsabbildungen**.

Aufgabe 4.2.5: Erläutern Sie an Hand von Fig. 4.2.12 die Ähnlichkeit der Vielecke V_1 und V_2.

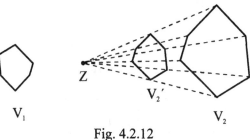

Fig. 4.2.12

Die Ähnlichkeit von Vielecken lässt sich auf Beziehungen zwischen Winkeln und Seiten der Vielecke zurückführen.

Beispiel 4.2.2: Die Rechtecke $A_1B_1C_1D_1$ und $A_2B_2C_2D_2$ in Fig. 4.2.13 sind zueinander ähnlich, wenn die Verhältnisse ihrer Seiten gleich sind.

Es ist nach Voraussetzung $a_1 : b_1 = a_2 : b_2$.

Wir setzen $k = a_2 : a_1 = b_2 : b_1$. Bei der

Fig. 4.2.13

zentrischen Streckung $S_{A_1, k}$ werden D_1 auf D_2 und B_1 auf B_2 abgebildet. Das Bild der Geraden D_1C_1 geht durch D_2 und ist parallel zu D_1C_1, fällt also mit D_2C_2 zusammen. Genau so folgt, dass B_1C_1 auf B_2C_2 abgebildet wird. Folglich ist C_2 das Bild von C_1. Das Rechteck $A_1B_1C_1D_1$ wird durch $S_{A_1, k}$ auf das Rechteck $A_2B_2C_2D_2$ abgebildet, d.h. beide Rechtecke sind zueinander ähnlich.

Im Hinblick auf Anwendungen spielen die Ähnlichkeitssätze für Dreiecke eine besondere Rolle.

Ähnlichkeitssätze für Dreiecke

Diese Sätze führen die Ähnlichkeit zweier Dreiecke zurück auf die Gleichheit entsprechender Winkel bzw. die Verhältnisse entsprechender Seiten.

Wir gehen von zwei Dreiecken $A_1B_1C_1$ und $A_2B_2C_2$ aus (Fig. 4.2.14). Die Länge der Seite c_2 sei das k - fache der Länge von c_1, d.h. $c_2 = k \cdot c_1$. Das Dreieck $A_1B_1C_1$ wird von A_1 aus mit dem Faktor k gestreckt. Bei dieser Streckung $S_{A_1, k}$ erhalten wir als Bild das Dreieck $A_1B'C'$. Dann ist noch zu zeigen, dass die Dreiecke $A_1B'C'$ und $A_2B_2C_2$ zueinander kongruent sind.

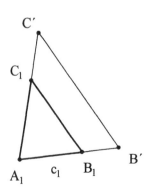 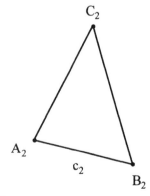

Fig. 4.2.14

Wir vervollständigen zunächst die Bezeichnungen in Fig. 4.2.15.

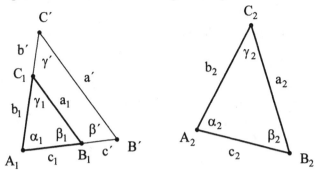

Fig. 4.2.15

Bezüglich der Winkel und Seiten der Dreiecke $A_1B_1C_1$, $A_1B'C'$ und $A_2B_2C_2$ gelten nach Konstruktion folgende Voraussetzungen (Vor.):

$$\alpha' = \alpha_1 \qquad \beta' = \beta_1 \qquad \gamma' = \gamma_1 \qquad a' = k \cdot a_1 \qquad b' = k \cdot b_1 \qquad c' = c_2 = k \cdot c_1$$

1. Wir nehmen an, dass in den Dreiecken $A_1B'C'$ und $A_2B_2C_2$ entsprechende Seiten gleich lang sind: $a' = a_2$, $b' = b_2$, $c' = c_2$. Dann sind nach Kongruenzsatz SSS die Dreiecke kongruent. Nach (Vor.) ist dies genau dann der Fall, wenn

$$a_2 = k \cdot a_1 \qquad b_2 = k \cdot b_1 \qquad c_2 = k \cdot c_1 \qquad \text{bzw.} \qquad a_2 : a_1 = k \qquad b_2 : b_1 = k \qquad c_2 : c_1 = k .$$

> **Satz 4.2.3:** Die Dreiecke $A_1B_1C_1$ und $A_2B_2C_2$ sind ähnlich, wenn sie im Verhältnis entsprechender Seiten übereinstimmen.

2. Die Dreiecke $A_1B'C'$ und $A_2B_2C_2$ mögen in den Winkeln α' und α_2 sowie in den anliegenden Seiten übereinstimmen: $c' = c_2$, $\alpha' = \alpha_2$, $b' = b_2$. Die Dreiecke sind nach Kongruenzsatz SWS kongruent. Dies trifft gemäß (Vor.) genau dann zu, wenn

$$c_2 = k \cdot c_1 \qquad \alpha' = \alpha_2 \qquad b_2 = k \cdot b_1 \qquad \text{bzw.} \qquad c_2 : c_1 = k \qquad \alpha_1 = \alpha_2 \qquad b_2 : b_1 = k .$$

> **Satz 4.2.4:** Die Dreiecke $A_1B_1C_1$ und $A_2B_2C_2$ sind ähnlich, wenn sie in einem Winkel und im Verhältnis der anliegenden Seiten übereinstimmen.

3. Auf dieselbe Weise zeigt man mit Hilfe der Kongruenzsätze SSW_g und WSW:

> **Satz 4.2.5:** Die Dreiecke $A_1B_1C_1$ und $A_2B_2C_2$ sind ähnlich, wenn sie im Verhältnis zweier Seiten und dem Winkel übereinstimmen, welcher der größeren der beiden Seiten gegenüberliegt.

> **Satz 4.2.6:** Die Dreiecke $A_1B_1C_1$ und $A_2B_2C_2$ sind ähnlich, wenn sie in entsprechenden Winkeln übereinstimmen.

Zur besseren Übersicht fassen wir die Ergebnisse der vorigen Überlegungen zusammen. Zwei Dreiecke sind ähnlich, wenn sie

1. in den Verhältnissen der drei Seiten übereinstimmen,

2. in einem Winkel und im Verhältnis der anliegenden Seiten übereinstimmen,

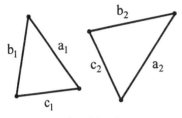

Fig. 4.2.16

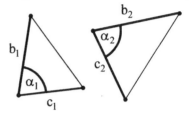

Fig. 4.2.17

3. im Verhältnis zweier Seiten und dem Winkel übereinstimmen, welcher der größeren Seite gegenüberliegt,

4. in zwei Winkeln (und damit nach dem Winkelsummensatz in allen Winkeln) übereinstimmen.

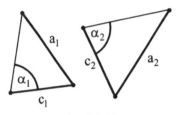

Fig. 4.2.18

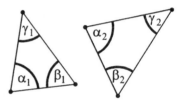

Fig. 4.2.19

Aufgabe 4.2.6: Geben Sie die Begründungen für die Ähnlichkeitssätze 4.2.5 und 4.2.6 an.

Beispiel 4.2.3: Im Dreieck verhalten sich die Höhen umgekehrt wie die zugehörigen Seiten, d.h. $h_a : h_b = b : a$ usw. (Fig. 4.2.20).

Die rechtwinkligen Dreiecke ADC und BEC stimmen in entsprechenden Winkeln überein und sind demnach ähnlich. Dann ist $h_b : a = h_a : b$, und daraus folgt direkt die Behauptung.

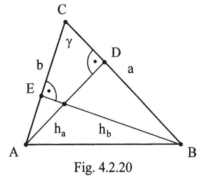

Fig. 4.2.20

Aufgabe 4.2.7: Von einem spitzwinkligen Dreieck wird durch die Verbindungsstrecke zweier Höhenfußpunkte ein Dreieck abgeschnitten. Zeigen Sie, dass dieses Dreieck zum Ausgangsdreieck ähnlich ist.

Aufgabe 4.2.8: Konstruieren Sie ein Dreieck mit
a) $b : c = 4 : 5$, $\alpha = 50°$ und $h_a = 6$ cm
b) $\alpha = 120°$, $\beta = 35°$ und $s_a = 5,5$ cm.

Aufgabe 4.2.9: Zeigen Sie, dass zwei Kreise stets zueinander ähnlich sind. Für welche Vielecke gilt die analoge Aussage?

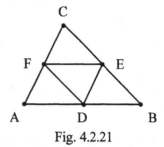

Aufgabe 4.2.10: In Fig. 4.2.21 ist das Dreieck DEF das Mittendreieck des Dreiecks ABC. Zeigen Sie, dass die Dreiecke zueinander ähnlich sind.

Fig. 4.2.21

Aufgabe 4.2.11: Geben Sie ein Kriterium für die Ähnlichkeit zweier rechtwinkliger Dreiecke an. Unter welchen Bedingungen sind zwei gleichschenklige Dreiecke zueinander ähnlich?

Aufgabe 4.2.12: Prüfen Sie die folgende Aussage. Zwei Drachenvierecke sind zueinander ähnlich, wenn die Diagonalen im gleichen Verhältnis stehen.

Aufgabe 4.2.13: Z sei ein Punkt im Inneren eines Kreises. Durch Z ist eine Sehne zu legen, die durch Z im Verhältnis 3 : 2 geteilt wird.

Hinweis: Strecken Sie den Kreis von Z aus mit $k = -\dfrac{3}{2}$ und verbinden Sie Z mit einem Schnittpunkt der beiden Kreise.

Aufgabe 4.2.14: Das Deutsche Institut für Normung (DIN) hat folgende Papierformate festgelegt (Maße in mm):

A0: 841 x 1189   A1: 594 x 841   A2: 420 x 594 usw.

Zeigen Sie, dass die Formate bis auf Rundungsfehler paarweise ähnlich sind und geben Sie den „Ähnlichkeitsfaktor" an. Welche Größe hat ein Blatt des Formates A8?

Aufgabe 4.2.15: Zeigen Sie: Sind bei zwei zueinander ähnlichen aber nicht kongruenten Vielecken entsprechende Seiten zueinander parallel, so gehen die Verbindungsgeraden entsprechender Ecken durch einen Punkt (Fig. 4.2.22).

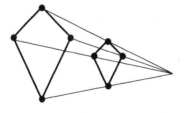

Fig. 4.2.22

Aufgabe 4.2.16: Zeigen Sie, dass die Relation ... ist ähnlich zu ... auf der Menge aller ebenen Vielecke eine Äquivalenzrelation ist.

4.3 Sekantensatz

Die konstruktive Verwandlung eines Rechtecks mit den Seiten a und b in ein flächen-gleiches Quadrat ist ein klassisches geometrisches Problem. Gesucht ist eine konstrukti-ve Lösung der Gleichung $x \cdot x = a \cdot b$, wobei x die gesuchte Quadratseite ist. Diese Gleichung kann als Verhältnisgleichung $a : x = x : b$ geschrieben werden. Man nennt x die **mittlere Proportionale** der beiden außen stehenden Größen a und b. Die Konstruk-tion der mittleren Proportionalen von a und b gelingt mit Hilfe des **Sekantensatzes** (Satz 4.3.1) bzw. seiner Sonderfälle.

Satz 4.3.1: Schneiden sich zwei Sekanten g und h eines Kreises im Punkt S und schneiden sie den Kreis in den Punkten A und B bzw. C und D, so gilt $|SA| \cdot |SB| = |SC| \cdot |SD|$ (Figur 4.3.1).

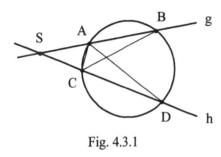

Fig. 4.3.1

Beweis: Die Dreiecke SCB und SDA haben den Winkel bei S gemeinsam. Ferner sind die Winkel $\angle CBA$ und $\angle CDA$ als Umfangs-winkel über der Sehne $\overline{AC}$ gleich groß. Die Dreiecke SCB und SDA stimmen dem-nach in allen drei Winkeln überein und sind nach Satz 4.2.6 ähnlich. Dann ist $|SD| : |SA| = |SB| : |SC|$ und daraus folgt die Be-hauptung.

Fällt der Schnittpunkt S von g und h in das Innere des Kreises, so spricht man vom **Seh-nensatz** (Fig. 4.3.2). Wenn dabei die Sehne $\overline{CD}$ die Sehne $\overline{AB}$ im Punkt S halbiert, so gilt $|SA|^2 = |SB|^2 = |SC| \cdot |SD|$ (Fig. 4.3.3). Diese Aussage wird auch als **Halbsehnensatz** bezeichnet. Wenn die Punkte A und B zusammenfallen und die Gerade g den Kreis in A berührt (Fig. 4.3.4), gilt ebenfalls $|SA|^2 = |SC| \cdot |SD|$. In diesem Fall tritt beim Beweis an die Stelle des Umfangswinkels über $\overline{AC}$ der entsprechende Sehnen-Tangenten-Winkel. Diese Aussage ist der **Sekanten-Tangentensatz**.

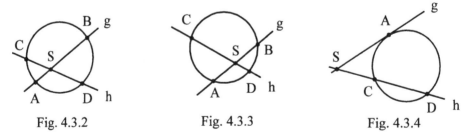

Fig. 4.3.2   Fig. 4.3.3   Fig. 4.3.4

In Fig. 4.3.3 ist sowohl die Halbsehne $\overline{SA}$ als auch die Halbsehne $\overline{SB}$ die mittlere Pro-portionale von $\overline{SC}$ und $\overline{SD}$. Das Analoge gilt in Fig. 4.3.4 für den Tangentenabschnitt $\overline{SA}$ und die Sekantenabschnitte $\overline{SC}$ und $\overline{SD}$.

Beispiel 4.3.1: Die mittlere Proportionale von a und b kann mit Hilfe des Halbsehnensatzes oder des Tangentensatzes konstruiert werden.

Fig. 4.3.5   Fig. 4.3.6

Im ersten Fall zeichnet man die Strecke $\overline{CD}$ mit |SC| = a und |SD| = b (Fig. 4.3.5). In S errichtet man die Senkrechte zu CD. Deren Schnittpunkte A und B mit dem Thaleskreis über $\overline{CD}$ liefern die mittlere Proportionale |SA| bzw. |SB| von a und b.

Im zweiten Fall sei a die kürzere der beiden Strecken. Man trägt auf der gleichen Seite einer Geraden durch S die Strecken $\overline{SC}$ und $\overline{SD}$ mit |SC| = a und |SD| = b ab (Fig. 4.3.6). Um den Mittelpunkt M von $\overline{CD}$ zeichnet man den Kreis durch C und D. Mit Hilfe des Thaleskreises über $\overline{SM}$ erhält man den Berührpunkt A der Tangente von S aus an den Kreis um M. |SA| ist die gesuchte mittlere Proportionale von a und b.

Aufgabe 4.3.1: Gegeben seien eine Gerade g und zwei Punkte P und Q, die in der gleichen Halbebene bezüglich g liegen. Konstruieren Sie einen Kreis durch P und Q, der g berührt.

Aufgabe 4.3.2: Gegeben sei ein Rechteck mit den Seitenlängen a und b. Konstruieren Sie ein Quadrat, welches den gleichen Flächeninhalt wie das Rechteck besitzt.

Aufgabe 4.3.3: In einem Winkelfeld ist ein Punkt P gegeben. Konstruieren Sie einen Kreis durch P, der beide Schenkel des Winkels berührt.

Für die mittlere Proportionale g zweier Strecken x und y gilt nach dem Vorigen $g = \sqrt{x \cdot y}$. Man bezeichnet g auch als **geometrisches Mittel** von x und y. Unter dem **arithmetischen Mittel** a von x und y versteht man bekanntlich $a = \frac{1}{2} \cdot (x + y)$.

Aufgabe 4.3.4: In Fig. 4.3.7 bilden die Strecken $\overline{AE}$ und $\overline{EB}$ der Längen x und y den Durchmesser eines Kreises mit Mittelpunkt M. Welche Strecke in Fig. 4.3.7 stellt das arithmetische Mittel a aus x und y dar? Welche Strecke stellt das geometrische Mittel g dar? Zeigen Sie an Hand der Figur, dass stets $g \le a$ gilt.

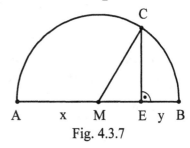

Fig. 4.3.7

5 Vierecke

5.1 Allgemeine Vierecke

> **Def. 5.1.1:** Gegeben sind vier Punkte in allgemeiner Lage, also so, dass keine drei dieser Punkte auf derselben Geraden liegen. Ein **Viereck** ist ein geschlossener Streckenzug aus vier Strecken, der die Punkte verbindet. Die Strecken heißen **Seiten** des Vierecks. Die anderen zwei Verbindungsstrecken heißen **Diagonalen** des Vierecks.

Diese Definition führt zu drei unterschiedlichen Typen.
Erste Möglichkeit: Jeder der vier Punkte liegt außerhalb des Dreiecks, das von den drei anderen Punkten bestimmt wird.
Dann lassen sich die Punkte auf drei Arten verbinden (Fig. 5.1.1). Das erste Viereck hat vier ausspringende Ecken. Solche Vierecke heißen **konvex**. In den anderen zwei Vierecken überkreuzen sich zwei Seiten. Solche Vierecke heißen **überschlagen**.

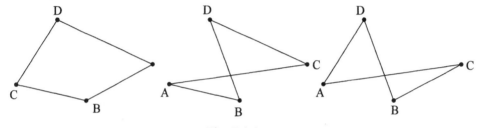

Fig. 5.1.1

Zweite Möglichkeit: Einer der vier Punkte liegt innerhalb des Dreiecks, das von den drei anderen Punkten bestimmt wird (Fig. 5.1.2).
Wieder lassen sich die Punkte auf drei Arten verbinden. Jedes dieser Vierecke hat eine **einspringende Ecke**; solche Vierecke heißen **nichtkonvex**. Der Winkel in einer einspringenden Ecke ist überstumpf.

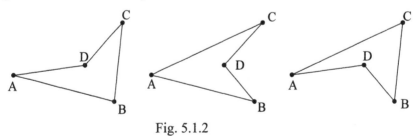

Fig. 5.1.2

Im Folgenden wird unter "Viereck" stets ein konvexes oder nichtkonvexes Viereck verstanden; überschlagene Vierecke sind ausgeschlossen.

> **Satz 5.1.1:** Die Winkelsumme des Vierecks beträgt 360°.

Beweis: Jedes konvexe Viereck lässt sich durch jede seiner Diagonalen, jedes nichtkonvexe Viereck durch eine seiner Diagonalen in zwei Dreiecke zerlegen. Die Winkelsumme ist also das Doppelte der Winkelsumme des Dreiecks, nach Satz 2.4.7 also 360°.

Aufgabe 5.1.1: Wie viele Anordnungen ("Permutationen") der Zeichen A, B, C, D gibt es? Wie viele Anordnungen führen jeweils zum selben Viereck, wenn man A, B, C, D als Namen von Punkten auffasst?

Aufgabe 5.1.2: Gilt auch für überschlagene Vierecke ein Winkelsummensatz?

Aufgabe 5.1.3: Man kann ein konvexes Viereck auch von einem beliebigen Innenpunkt aus zerlegen. Bestätigen Sie den Winkelsummensatz auf diese Weise. Was ist zu beachten, wenn man diese Beweisidee auf ein nichtkonvexes Viereck anwenden will?

Beispiel 5.1.1: Ein Viereck ABCD mit a = 5 cm; b = 6 cm; c = 7 cm; d = 4 cm; α = 110° wird konstruiert (Fig. 5.1.3, 5.1.4):
Die Eckpunkte D, A, B sind durch d, a, α bestimmt. Die Kreise um D bzw. B mit den Radien c bzw. b schneiden sich in zwei Punkten. Da nur einer davon im Winkelfeld von ∠BAD liegt, ist das Viereck eindeutig bestimmt.
Bei anderen Vorgaben kann es zwei Lösungen oder auch keine Lösung geben.
Fig. 5.1.3 zeigt die üblichen Benennungen des Vierecks, Fig. 5.1.4 den wesentlichen Konstruktionsschritt.

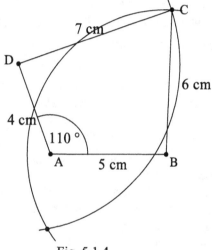

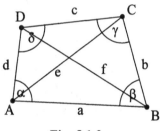

Fig. 5.1.3   Fig. 5.1.4

Aufgabe 5.1.4: Konstruieren Sie ein Viereck ABCD mit a = 7 cm; d = 8 cm; α = 70° sowie mit
a) b = 6 cm; c = 10 cm,   b) b = 4 cm; c = 6 cm,   c) b = 5 cm; c = 3 cm.

Aufgabe 5.1.5: a) Konstruieren Sie ein Viereck mit a = 6 cm; b = 4 cm; c = 7 cm; β = 65°; γ = 120°.
b) Untersuchen Sie mit selbst gewählten Seitenlängen a, b, c und Winkeln β, γ, ob das betreffende Viereck stets konstruierbar ist und wie viele Lösungen es gibt.

Aufgabe 5.1.6: a) Ein Viereck hat die Seiten a = 8 cm; b = 7 cm; c = 5 cm und die Winkel α = 60°; δ = 80°. Konstruieren Sie das Viereck.
b) Kann man a, b, c, α, δ auch so vorgeben, dass es keine oder zwei Lösungen gibt?

Aufgabe 5.1.7: Wählen Sie Seitenlängen a, b, c und Winkel α, γ. Konstruieren Sie das zugehörige Viereck. Gibt es immer eine Lösung? Kann es mehr als eine Lösung geben? Hinweis: Der Umfangswinkelsatz hilft.

Aufgabe 5.1.8: Konstruieren Sie ein Viereck aus a = 5 cm; c = 4 cm; e = 7 cm; f = 6 cm; β = 115°.

Aufgabe 5.1.9: Definieren Sie das allgemeine n-Eck $A_1A_2...A_n$ entsprechend dem allgemeinen Viereck. Definieren Sie weiterhin die Begriffe "konvex" und "nichtkonvex".

Aufgabe 5.1.10: Gegeben sind n Punkte in allgemeiner Lage. Wie viele Möglichkeiten gibt es, diese Punkte zu einem (evtl. auch überschlagenen) n-Eck zu verbinden?

Aufgabe 5.1.11: Wählen Sie fünf Punkte in allgemeiner Lage und verbinden sie diese auf alle möglichen Arten zu einem Fünfeck. Untersuchen Sie, wie viele der Fünfecke je nach Lage der Punkte konvex, nichtkonvex bzw. überschlagen sind.
Hinweis: Für die zweite Frage ist es sehr zu empfehlen, mit einem DGS mehrere kongruente Fünfergruppen ("5-tupel") von Punkten zugrunde zu legen, die durch Verschiebung auseinander hervorgehen und daher gemeinsam verziehbar sind.

Aufgabe 5.1.12: Konstruieren Sie ein Fünfeck aus a = 4 cm; b = 5 cm; c = 6 cm; e = 4 cm; α = 75°; β = 135°; δ = 70°.

Aufgabe 5.1.13: Welche Konstruktionsaufgabe ist in Fig. 5.1.5 gelöst? Wie verläuft die Lösung? Geben Sie auch einen anderen Lösungsweg an.

Aufgabe 5.1.14: Offenbar muss man insgesamt fünf Seiten und Winkel in geeigneter Lage angeben, um ein Viereck festzulegen. Wie viele Seiten und Winkel sind insgesamt nötig, um ein Fünfeck, ein Sechseck, ein n-Eck festzulegen?

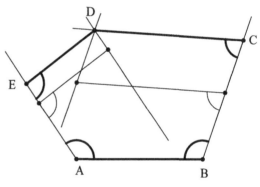

Fig. 5.1.5

Aufgabe 5.1.15: a) Geben Sie eine Formel für die Winkelsumme W_n des n-Ecks an.
b) Begründen Sie die Formel auf mehrere Arten: Zerlegung durch Diagonalen; andere Zerlegungen; Abschneiden eines Dreiecks und vollständige Induktion.
c) Analysieren Sie, welche anschaulichen Annahmen Sie in b) gemacht haben.
d) Um das nichtkonvexe Sechseck ABCDEF wird das konvexe Viereck ABDE gelegt (Fig. 5.1.6). Berechnen Sie die Winkelsumme des Sechsecks mit Hilfe dieser Konstruktion.
e) Überlegen Sie, wie man d) zu einem Beweis der Winkelsummenformel verallgemeinern könnte.

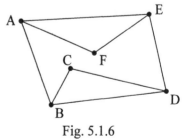

Fig. 5.1.6

Aufgabe 5.1.16: Wie viele einspringende Ecken kann ein n-Eck höchstens haben? Falls Sie die Obergrenze für die Anzahl rechnerisch ermittelt haben, fragt sich, ob die Obergrenze erreicht werden kann.

Aufgabe 5.1.17: Ein sehr anschaulicher Beweis des Satzes über die Winkelsumme des Vierecks beruht auf folgender Idee: Eine Person beginnt in einem beliebigen Punkt P auf einer Seite (nur nicht in einem Eckpunkt) einen Umlauf auf dem Rand bis zurück in den Startpunkt (Fig. 5.1.7). In den Eckpunkten sind dazu Drehungen um gewisse Winkel nötig, die sich nach vollem Umlauf auf 360° summieren. Die Winkel sind dabei mit Vorzeichen zu nehmen; es ist zweckmäßig, Winkel im mathematisch positiven bzw. negati-

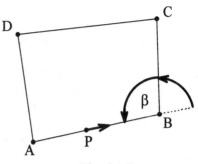

Fig. 5.1.7

ven Sinn (also gegen den bzw. mit dem Uhrzeigersinn) positiv bzw. negativ zu nehmen und den Umlauf so auszuführen, dass das Viereck immer links liegt.
Beweisen Sie anhand dieser Idee den Winkelsummensatz für zunächst für das konvexe und danach auch für das nichtkonvexe Viereck.

Aufgabe 5.1.18: Beweisen Sie anhand der Idee "Umlauf" aus Aufgabe 5.1.17 den Winkelsummensatz für das n-Eck (Aufgabe 5.1.15).

Aufgabe 5.1.19: In Fig. 5.1.8 ist ein Vielecksnetz dargestellt. Aus Gründen, die in der Lösung erläutert werden, nennt man in diesem Zusammenhang die Vielecke Flächen, die Seiten Kanten und die Eckpunkte Ecken. Ihre Anzahlen werden mit f, k und e bezeichnet. Zwischen ihnen besteht ein bemerkenswerter Zusammenhang: Es gilt nämlich
$f - k + e = 1$.
Beweisen Sie diese Formel in folgenden Schritten:
Vorbereitung:
Die Winkelsumme im n-Eck ist $W_n = (n - 2) \cdot 180°$.

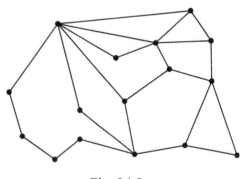

Fig. 5.1.8

Dabei ist jetzt n als die Anzahl der Seiten zu verstehen.
Es seien k', k*, e', e* die Anzahlen der Kanten bzw. Ecken, die innen bzw. am Rand liegen. Es gilt offenbar k* = e*.
Die gesamte Winkelsumme W wird nun auf zwei Arten berechnet.
1. Summiert man die Winkelsummen aller Vielecke, erhält man
$W = (2k' + k^* - 2f) \cdot 180°$
2. Summiert man die Winkelsummen in den Ecken, erhält man W in der Form
$W = e' \cdot 360° + (e^* - 2) \cdot 180°$.
Erklären Sie die Beweisschritte und leiten Sie die Formel her.
Verifizieren Sie die Formel für das Vielecksnetz aus Fig. 5.1.8.

5.2   Besondere Vierecke

Die wichtigsten der besonderen Vierecke können wie folgt definiert werden:

Def. 5.2.1: Ein **Parallelogramm** ist ein Viereck mit zwei Paaren paralleler Seiten.
Ein **Rechteck** ist ein Parallelogramm mit vier rechten Winkeln.
Ein **Quadrat** ist ein Rechteck mit vier gleich langen Seiten.
Eine **Raute** ist ein Parallelogramm mit vier gleich langen Seiten.
Ein **Drachen** ist ein Viereck mit zwei Paaren gleich langer benachbarter Seiten.
Ein **gleichschenkliges** oder **symmetrisches Trapez** ist ein Viereck mit zwei parallelen Seiten und zwei gleichen Winkeln in den Endpunkten einer dieser Seiten.

Ein Quadrat ist also ein spezielles Rechteck; Rechteck und Raute sind spezielle Parallelogramme. Im täglichen Leben ist diese Unterordnung nicht üblich: man versteht ein Rechteck als Viereck mit vier rechten Winkeln, das kein Quadrat ist. Dies sollte nicht als unvernünftig abgetan werden. Zu tadeln ist aber, wenn unter "Viereck" nur das Rechteck verstanden wird.

Die besonderen Vierecke besitzen **Symmetrien**, gehen also unter gewissen Geradenspiegelungen, Punktspiegelungen und Drehungen in sich über. In Fig. 5.2.1 sind die Symmetrien in einem Ordnungsdiagramm dargestellt. Spezialisierung macht sich durch zusätzliche Symmetrien bemerkbar. Die in der Figur eingetragenen Symmetrien beziehen sich also jeweils auf das nicht spezialisierte besondere Viereck.

Drehungen wurden nicht behandelt, sind aber hier auch ohne Erläuterung zu verstehen. Die Punktspiegelung wirkt wie eine 180°-Drehung. Sie wird durch einen Halbkreisbogen bezeichnet.

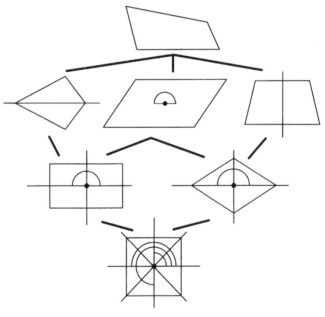

Fig. 5.2.1

Beispiel 5.2.1: Das Parallelogramm hat gleiche Gegenwinkel (Fig. 5.2.2).
Es gilt nämlich $\alpha' = \alpha$ (Stufenwinkel) und
$\alpha' = \gamma$ (Wechselwinkel), also $\alpha = \gamma$.

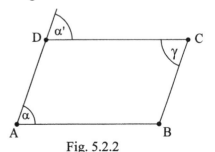

Fig. 5.2.2

Aufgabe 5.2.1: Welche Beziehungen bestehen zwischen den Winkeln und Seiten des Parallelogramms, des Drachens und des gleichschenkligen Trapezes?

Aufgabe 5.2.2: Lässt sich ein Rechteck auch als Parallelogramm mit mindestens einem rechten Winkel definieren? Lässt sich ein gleichschenkliges Trapez auch als Viereck mit einem Paar paralleler und einem Paar gleichlanger Gegenseiten definieren?

Aufgabe 5.2.3: Gegeben sind die Punkte A(4 | 5); B(10 | 3); C(9 | 6).
a) Geben Sie die Koordinaten der Punkte D, E bzw. F an, die ABCD, BCAE bzw. CABF zu Parallelogrammen machen. (D, E, F sind "vierte Parallelogrammpunkte".)
b) Was zeigt eine Zeichnung? Gilt Ihre Beobachtung auch allgemein? Beweis?

Aufgabe 5.2.4: Wählen Sie drei Punkte A, B, C und konstruieren Sie alle Punkte P, so dass A, B, C, P (in irgendeiner Reihenfolge) die Eckpunkte
a) eines Drachens,   b) eines gleichschenkligen Trapezes sind.
Die Erkundung mit einem DGS wird empfohlen.

Aufgabe 5.2.5: Beweisen Sie, dass die Seitenmitten eines allgemeinen Vierecks ein Parallelogramm bilden. Welche weitere Beziehung hat es zum Ausgangsviereck?

Aufgabe 5.2.6:   a) Konstruieren Sie mit geeignet gewählten Maßen (Fig. 5.2.3):
a) Raute aus e und α,
b) gleichschenkliges Trapez aus a, d und e_1,
c) Drachen aus e, f und α,   d) Drachen aus e, f und β.
Wie viele Lösungen können jeweils auftreten?

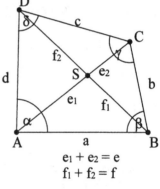

$$e_1 + e_2 = e$$
$$f_1 + f_2 = f$$

Fig. 5.2.3

Für die folgenden Aufgaben werden Diagonaleneigenschaften des Vierecks benutzt (Fig. 5.2.3):
(h2) Jede der zwei Diagonalen halbiert die andere.
(h1) Mindestens eine Diagonale halbiert die andere.
(gl) Die zwei Diagonalen sind gleich lang.
(ab) Für die Abschnitte e_1, e_2, f_1, f_2 der Diagonalen gilt $e_1 = f_1$ und $e_2 = f_2$.
(rw) Die Diagonalen oder ihre Verlängerungen schneiden einander rechtwinklig.

Aufgabe 5.2.7: Beweisen Sie: Ein Viereck ist genau dann
a) ein Parallelogramm, wenn (h2) gilt,   b) ein Drachen, wenn (h1) und (rw) gelten,
c) ein Rechteck, wenn (h2) und (ab) gelten.

Aufgabe 5.2.8: Welche Diagonaleneigenschaften haben das Quadrat, die Raute und das gleichschenklige Trapez?

Aufgabe 5.2.9: Beweisen Sie: Ein Viereck
a) mit (h2) und (gl) erfüllt auch (ab),   b) mit (h1) und (ab) erfüllt auch (gl).

Aufgabe 5.2.10: a) Es gibt $2^5 = 32$ Auswahlen von Diagonaleneigenschaften, aber nicht zu jeder Auswahl gibt es ein Viereck. Beispielsweise gibt es kein Viereck, das (h1) und (ab) erfüllt, aber nicht (h2). Geben Sie alle Vierecksformen an, die sich durch Auswahlen aus den fünf Diagonaleneigenschaften ergeben.

5.3   Sehnenvierecke

Def. 5.3.1: Ein Viereck, dessen Eckpunkte auf einem Kreis liegen, heißt **Sehnenviereck.**

Sehnenvierecke lassen sich durch ihre Winkel kennzeichnen. Der logischen Präzision wegen vermeiden wir die oft zu lesende Formulierung "Im Sehnenviereck ergänzen sich je zwei Gegenwinkel zu 180°". Sie lässt nämlich nicht klar erkennen, was vorausgesetzt und was behauptet wird.

Satz 5.3.1: Ist ein Viereck ein Sehnenviereck, so ergänzen sich je zwei Gegenwinkel zu 180°. Mit der üblichen Bezeichnung gilt also $\alpha + \gamma = 180°$ und $\beta + \delta = 180°$.

Beweis: Das Sehnenviereck ABCD wird durch die Diagonale $\overline{AC}$ in zwei Dreiecke zerlegt (Fig. 5.3.1) Der Punkt D' ist das Spiegelbild von D am Kreismittelpunkt U. Nach dem Umfangswinkelsatz (3.4.1) gilt $\delta' = \beta$. Nach dem Satz des THALES (3.3.1) hat das Viereck AD'CD in A und C rechte Winkel. Nach dem Winkelsummensatz (5.1.1) folgt
$\delta' + \delta = 360° - 180° = 180°$.
Damit gilt auch
$\beta + \delta = 180°$ und damit
$\alpha + \gamma = 180°$.

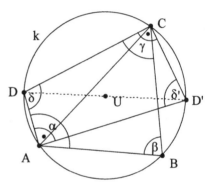

Fig. 5.3.1

Satz 5.3.2: Ergänzen sich in einem Viereck zwei gegenüberliegende Winkel zu 180°, so ist das Viereck ein Sehnenviereck.

Beweis: Es sei $\beta + \delta = 180°$. Das Dreieck ACD hat den Umkreis k mit Mittelpunkt U. Zu zeigen ist, dass auch B auf k liegt. In Fig. 5.3.2 ist dies nicht vorweggenommen.
Der Punkt D kann nicht auf derselben Seite von AC wie B liegen, denn dann wäre das Viereck überschlagen oder der Winkel δ überstumpf. An U gespiegelt erzeugt D den Punkt D' auf k.
Da das Viereck AD'CD in A und C rechte Winkel hat, gilt $\delta' + \delta = 180°$, also $\delta' = \beta$.
Nach der Umkehrung des Umfangswinkelsatzes (3.4.1) liegen D' und B auf demselben Kreisbogen mit Sehne $\overline{AC}$. Also liegt B auf k.

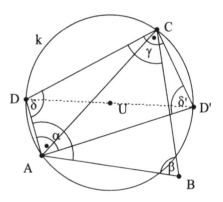

Fig. 5.3.2

Beispiel 5.3.1: Wir beweisen, dass jedes gleichschenklige Trapez (Fig. 5.3.3) ein Sehnenviereck ist.

Nach Def. 5.2.1 gilt $\alpha = \beta$. Wegen $\overline{AB} \parallel \overline{CD}$ gilt

$\gamma' = \beta$ (Stufenwinkel) und damit

$\alpha + \gamma = \beta + (180° - \gamma') = 180°$.

Nach Satz 5.3.2 ist damit die Behauptung bewiesen.

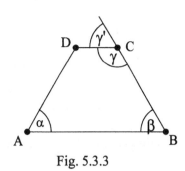

Fig. 5.3.3

Aufgabe 5.3.1: Konstruieren Sie ein Sehnenviereck:
a) $a = 4$ cm; $d = 5$ cm; $\alpha = 60°$; $\beta = 105°$,
b) $a = 3$ cm; $c = 4$ cm; $r = 6$ cm; $\delta = 115°$,
c) $a = 6$ cm; $b = 4$ cm; $c = 5$ cm; $\beta = 75°$,
d) $a = 5$ cm; $c = 8$ cm; $\alpha = 100°$; $\beta = 120°$.

Aufgabe 5.3.2: Beweisen Sie: Die Schnittpunkte der jeweils benachbarten Winkelhalbierenden eines Vierecks sind Eckpunkte eines Sehnenvierecks.

Aufgabe 5.3.3: a) Welche Winkelbeziehung besteht im Sehnensechseck?
b) Verallgemeinern Sie die Beziehung aus a) und ordnen Sie das bekannte Ergebnis für das Sehnenviereck ein.
c) Nach Satz 5.3.2 ist ein Viereck mit $\alpha + \beta = 180°$ ein Sehnenviereck. Ist dementsprechend jedes Sechseck mit der in a) gefundenen Winkelbeziehung ein Sehnensechseck?

Aufgabe 5.3.4: a) Gegeben ist ein Sehnenviereck ABCD. Das Teildreieck ABC wird an m_{AC} gespiegelt. Beweisen Sie, dass dadurch ein Sehnenviereck AB'CD mit demselben Umkreis entsteht (Fig. 5.3.4).
b) Durch eine andere Spiegelung entsteht das Sehnenviereck ABC'D. Beweisen Sie die Längengleichheit der Diagonalen $\overline{B'D}$ und $\overline{AC'}$.
In Fig. 5.3.4 sind die drei Sehnenvierecke der besseren Übersicht halber in drei verschiedenen Kreisen dargestellt. Die Figur enthält auch einen Lösungshinweis.

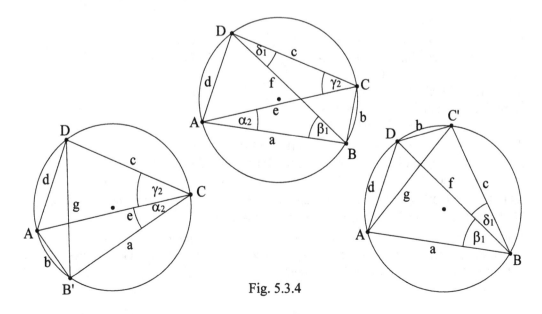

Fig. 5.3.4

5.4   Tangentenvierecke

Def. 5.4.1: Ein Viereck, dessen vier Seiten denselben Kreis berühren, heißt **Tangentenviereck**.

Fig. 5.4.1 zeigt ein Tangentenviereck. Man kann die Definition auch erweitern und Berührpunkte auf Seitenverlängerungen zulassen (siehe Aufgaben 5.4.6, 5.4.7). Die vorliegende Definition sichert, dass das Viereck konvex ist und der Berührkreis innen liegt.

Satz 5.4.1: Ist ein Viereck ein Tangentenviereck, so sind die Summen der Längen gegenüberliegender Seiten gleich. Mit der üblichen Bezeichnung gilt $a + c = b + d$.

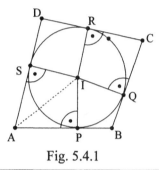

Beweis: Nach dem Kongruenzsatz SSW_g gilt
$\Delta API \cong \Delta ASI$ und damit $|AP| = |AS|$.

Analog gilt
$|BQ| = |BP|$, $|CR| = |CQ|$ und $|DS| = |DR|$.

Daraus folgt
$$a + c = |AP| + |BP| + |CR| + |DR|$$
$$= |BQ| + |CQ| + |DS| + |AS|$$
$$= b + d$$

Fig. 5.4.1

Satz 5.4.2: Gilt für ein konvexes Viereck mit der üblichen Bezeichnung $a + c = b + d$, so ist das Viereck ein Tangentenviereck.

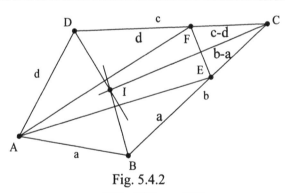

Beweis: Es gelte $a < b$.
Aus $a + c = b + d$ folgt $c > d$. Damit lässt sich a auf b und d auf c abtragen; die Endpunkte sind E und F. Nach Konstruktion bzw. wegen $b - a = c - d$ sind ΔABE, ΔECF und ΔFEC gleichschenklig. Da die Winkelhalbierenden in B, C und D auch die Mittelsenkrechten in ΔAEF sind, schneiden sie sich in einem Punkt I. Der Kreis um den Winkelhalbieren-

Fig. 5.4.2

denschnittpunkt I, der die Seite $\overline{AB}$ berührt, berührt auch $\overline{BC}$, $\overline{CD}$ und $\overline{DA}$.
Das Viereck hat also einen Inkreis und ist ein Tangentenviereck.
Im Sonderfall $a = b$ (mit $c = d$) ist das Viereck ein Drachen. Wegen der Kongruenz von ΔABC und ΔADC ist $\overline{AC}$ Winkelhalbierende in A und in C. Ihr Schnittpunkt I mit der Winkelhalbierenden in B ist der Mittelpunkt des Inkreises.

Bemerkung: Sehnen- und Tangentenviereck sind in folgendem Sinn analog: Im Sehnenviereck / Tangentenviereck ist die Summe je zweier Gegenwinkel / Gegenseiten halb so groß wie die Winkelsumme / der Umfang.

Beispiel 5.4.1: Ein Tangentenviereck mit dem Inkreisradius $\rho = 3$ cm sowie $\alpha = 55°$; $\beta = 105°$; $\gamma = 80°$ wird mit Hilfe des Inkreises und der Berührradien konstruiert (Fig. 5.4.3).
Es gilt $\alpha' = 360° - 2 \cdot 180° - \alpha = 125°$,
analog $\beta' = 75°$ und $\gamma' = 100°$.
Die Seiten ergeben sich aus den Tangenten.

Aufgabe 5.4.1: Konstruieren Sie ein Tangentenviereck mit

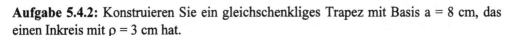

Fig. 5.4.3

a) $\rho = 3$ cm; $\alpha = 70°$; $\beta = 60°$; $\gamma = 110°$,
b) $a = 6$ cm; $b = 5$ cm; $c = 7$ cm; $\beta = 115°$,
c) $a = 7$ cm; $\alpha = 80°$; $\beta = 60°$; $\gamma = 100°$,   d) $a = 6$ cm; $\alpha = 80°$; $\beta = 110°$; $d = 7$ cm.

Aufgabe 5.4.2: Konstruieren Sie ein gleichschenkliges Trapez mit Basis $a = 8$ cm, das einen Inkreis mit $\rho = 3$ cm hat.

Aufgabe 5.4.3: Konstruieren Sie ein Viereck, das zugleich Sehnenviereck und Tangentenviereck ist, mit $\rho = 3$ cm; $\alpha = 50°$; $\beta = 105°$.

Aufgabe 5.4.4: Welches Viereck hat einen Umkreis und einen Inkreis mit demselben Mittelpunkt? Beweisen Sie die leicht zu findende Vermutung.

Aufgabe 5.4.5: Übertragen Sie Satz 5.4.1
a) auf das Tangentensechseck,   b) auf das Tangenten-2n-Eck.

Aufgabe 5.4.6: Fig. 5.4.4 zeigt neben dem Tangentenviereck ABCD die verallgemeinerten Tangentenvierecke AECF und BEDF. Geben Sie für diese je eine Beziehung zwischen den Seitenlängen an.

Aufgabe 5.4.7: Anders als in Fig. 5.4.4 können die vier Berührpunkte auch auf einem Halbkreis liegen. Welche (verallgemeinerten) Tangentenvierecke entstehen? Welche Seitenbeziehungen gelten?

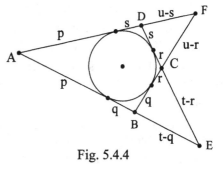

Fig. 5.4.4

Aufgabe 5.4.8: a) Beweisen Sie, dass jeder konvexe Drachen einen Inkreis hat.
b) Konstruieren Sie einen Drachen mit $a = 5$ cm; $d = 5$ cm; $|AC| = 12$ cm samt dem Umkreis k_u und dem Inkreis k_i.
Wählen Sie auf k_u einen beliebigen Punkt P und konstruieren Sie
– eine Tangente von P aus an k_i; ihr zweiter Schnittpunkt mit k_u sei Q
– eine Tangente von Q aus an k_i; ihr zweiter Schnittpunkt mit k_u sei R
– eine Tangente von R aus an k_i; ihr zweiter Schnittpunkt mit k_u sei S
– eine Tangente von S aus an k_i.
Was beobachten Sie? Tritt diese Erscheinung auch für zwei beliebige Kreise auf?
Hinweis: Ein Beweis ist ausdrücklich nicht verlangt. Es lohnt sich, die Figur mit einem DGS zu konstruieren; Drachen und Anfangspunkt P sollten dann verziehbar sein.

6   Teilungen

6.1   Teilverhältnis

Das Teilverhältnis hat den Zweck, Punkte auf einer Strecke $\overline{AB}$ und der Verlängerungs-geraden AB festzulegen (Fig. 6.1.1). Der Punkt T in Fig. 6.1.1 teilt $\overline{AB}$ im Verhältnis $|AT|:|TB|=3:2$.

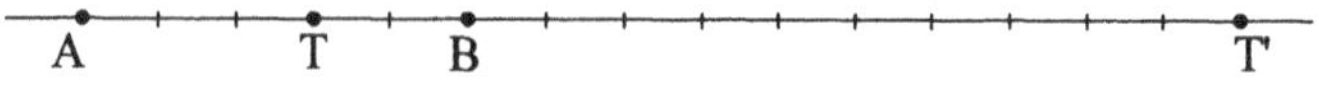

Auch für den Punkt T' auf AB gilt

Fig. 6.1.1

$|AT'|:|T'B|=3:2$. Hier wird aber die Strecke von A nach T' in anderer Richtung durchlaufen als die Strecke von T' nach B. Diese zwei Fälle lassen sich durch ein Vor-zeichen unterscheiden.

Def. 6.1.1: T sei ein Punkt auf der Geraden AB mit $T \neq B$.

Liegt T auf der Strecke $\overline{AB}$, so wird als **Teilverhältnis** von T in Bezug auf $\overline{AB}$ definiert: $t(A,T,B) := |AT|:|TB|$

Liegt T auf der Verlängerung von $\overline{AB}$, so wird gesetzt: $t(A,T,B) := -|AT|:|TB|$.

Der Variablenname für den Teilpunkt steht in t(A, T, B) auch dann in der Mitte, wenn T nicht zwischen A und B liegt.

Für T = A gilt t(A, T, B) = 0. Für T = B ist wegen $|BT| = 0$ kein Teilverhältnis definiert.

Liegt T auf der Halbgeraden BA^+ (Fig. 6.1.2 Mitte), gilt $|AT| < |TB|$, also $-1 < t(A, T, B) < 0$.

Liegt T auf der Halbgeraden AB^+ (Fig. 6.1.2 unten), gilt $|AT| > |TB|$, also $t(A, T, B) < -1$.

Das Teilverhältnis kehrt sich bei Vertauschung von A und B um:

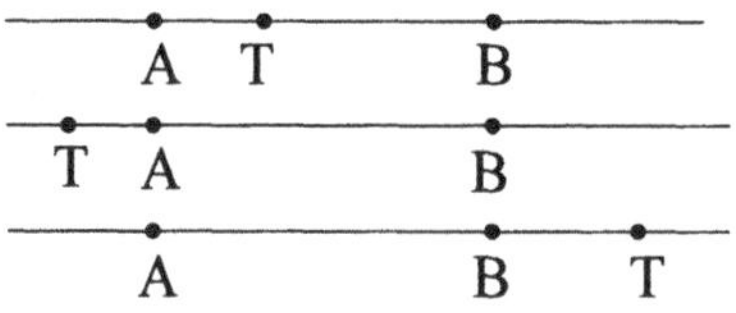

Fig. 6.1.2

Es gilt $t(B,T,A) = \left(t(A,T,B)\right)^{-1}$, da $\pm|BT|:|TA| = \pm\left(|AT|:|TB|\right)^{-1}$.

Das Teilverhältnis kann auch als Bruch geschrieben werden. Dies ist für algebraisches Operieren oft günstiger als die Schreibweise mit Divisionszeichen.

Auch irrationale Teilverhältnisse können vorkommen und konstruierbar sein (Kap. 7).

Satz 6.1.1: Sind die Punkte A und B sowie das Teilverhältnis t(A, T, B) gegeben, ist T auf der Geraden AB eindeutig bestimmt.

Beweis: Es gelte t(A, T, B) = t(A, T', B) und t(A, T, B) > 0. Die Punkte T und T' liegen damit beide auf $\overline{AB}$, und es gilt $\dfrac{|AT|}{|TB|} = \dfrac{|AT'|}{|T'B|}$. Hieraus folgt (vgl. Fig. 6.1.2 oben)

$\dfrac{|AB|-|TB|}{|TB|} = \dfrac{|AB|-|T'B|}{|T'B|}$. Vereinfachen ergibt $|TB| = |T'B|$, also T = T'.

Für den Fall t(A, T, B) < 0 siehe Aufgabe 6.1.4.

Beispiel 6.1.1: a) Eine Strecke mit der Länge 6 cm wird im Verhältnis 5:3 geteilt. Fig. 6.1.3 a) zeigt die Konstruktion nach dem 1. Strahlensatz. Die Einheit e auf der Hilfsstrecke ist beliebig.

b) Eine Strecke mit der Länge 6 cm wird im Verhältnis − 3:5 geteilt. Der Teilpunkt T liegt auf der Verlängerung von $\overline{AB}$ über A hinaus (Fig. 6.1.3 b).

c) Eine Strecke mit der Länge 6 cm wird im Verhältnis − 5:3 geteilt. Der Teilpunkt T liegt auf der Verlängerung von $\overline{AB}$ über B hinaus. Der Strecke $\overline{AB}$ entspricht eine Hilfsstrecke von der Länge 2e (Fig. 6.1.3 c).

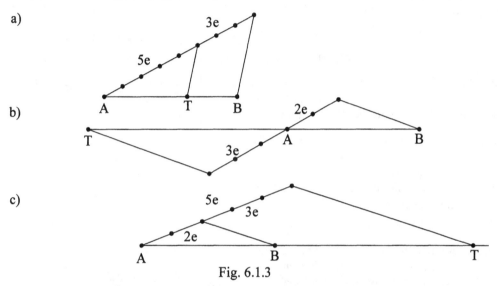

Fig. 6.1.3

Aufgabe 6.1.1: Es sei $|$ AB $|$ = 6 cm. Konstruieren Sie den Teilpunkt T mit
a) t(A, T, B) = 1:2,   b) t(A, T, B) = 5:3,   c) t(A, T, B) = − 1:4,   d) t(A, T, B) = − 7:2.

Aufgabe 6.1.2: Konstruieren Sie in einer einzigen Figur die vier Teilpunkte mit den Teilverhältnissen
a) 2:1; 1:2; − 2:1; − 1:2 für $|$ AB $|$ = 4 cm   b) 4:3; 3:4; − 3:4; − 4:3 für $|$ AB $|$ = 3 cm.

Aufgabe 6.1.3: Beschreiben Sie allgemein je ein Konstruktionsverfahren für die Teilung im Verhältnis m:n bzw. − m:n mit natürlichen Zahlen m und n.

Aufgabe 6.1.4: Vervollständigen Sie den Beweis von Satz 6.1.1. Es sind zwei Unterfälle zu unterscheiden.

Aufgabe 6.1.5: Aufgabe 6.1.1.a) kann man auch mit Hilfe der Gleichung $\dfrac{x}{6-x} = \dfrac{1}{2}$ für

x :=$|$ AT $|$ lösen. Prüfen Sie die Ergebnisse von Aufgabe 6.1.1 auf diese Weise nach.

Aufgabe 6.1.6: Welchen Wert kann das Teilverhältnis nicht annehmen?

Aufgabe 6.1.7: Es gelte t(A, T, B) = 1:2.

a) Berechnen Sie t(B, T, A).

b) Man kann auch A als Teilpunkt von $\overline{BT}$ oder B als Teilpunkt von $\overline{TA}$ auffassen. Berechnen Sie t(B, A, T), t(T, A, B), t(T, B, A), t(A, B, T).

Aufgabe 6.1.8: In Aufgabe 6.1.7 waren die drei Punkte gleichberechtigt. Das kann man besser verdeutlichen, wenn man sie A, B, C statt A, T, B nennt.

Drücken Sie t(C, B, A), t(C, A, B), t(B, A, C), t(A, C, B), t(B, C, A) durch t(A, B, C) aus.

Hinweis: Nehmen Sie zunächst an, die Punkte lägen in der Reihenfolge A, B, C. Rechtfertigen Sie diese Annahme.

Aufgabe 6.1.9: Gegeben ist eine Strecke $\overline{AB}$ mit Teilpunkt T. Die Figur wird mit dem Faktor k gestreckt. In welcher Beziehung stehen t(A, T, B) und t(A', T', B')?

Aufgabe 6.1.10: Die Seitenlänge eines Quadrats sei a, die Diagonalenlänge sei d. Teilen Sie mit Zirkel und Lineal eine beliebige Strecke im Verhältnis a:d.

Bemerkung: Das Verhältnis a:d ist irrational.

Aufgabe 6.1.11: Beweisen Sie: Die Winkelhalbierende im Dreieck teilt die Gegenseite im Verhältnis der anliegenden Seiten.

Hinweis: Suchen Sie in Figur 6.1.4 ähnliche Dreiecke und beweisen Sie:

$|AC'| : |C'B| = b : a$.

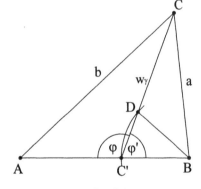

Aufgabe 6.1.12: Bekanntlich beschreibt man in der Vektorrechnung die Punkte T auf einer Geraden AB durch die Parameterdarstellung

$\overrightarrow{AT} = \tau \cdot \overrightarrow{AB}$.

Im Folgenden wird für t(A, T, B) kurz t geschrieben.

Fig. 6.1.4

a) Berechnen Sie τ für t = 2:1; t = – 2:1; t = 1:2; t = – 1:2. Skizzen wie Fig. 6.1.2 sind dabei nützlich!

b) Berechnen Sie t für $\tau = 2$; $\tau = – 2$; $\tau = \dfrac{1}{2}$; $\tau = -\dfrac{1}{2}$.

c) Drücken Sie τ allgemein durch t und t durch τ aus.

Hinweis: Berechnen Sie zunächst $\dfrac{t}{\tau}$.

d) Welchen Vorteil hat das Teilverhältnis τ gegenüber dem Teilverhältnis t?

e) Überprüfen Sie, wie in DGS das Teilverhältnis definiert ist.

6.2   Satz des CEVA

Eine innere bzw. äußere **Ecktransversale** eines Dreiecks ist eine Gerade, die durch genau einen Eckpunkt geht und die Gegenseite bzw. deren Verlängerung (Fig. 6.2.1: C' bzw. C") schneidet.

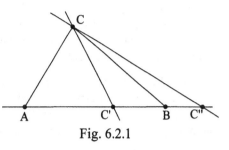
Fig. 6.2.1

Bekannte Ecktranversalen sind Winkelhalbierende und Höhen. Diese schneiden sich je in einem Punkt. Der folgende Satz von GIOVANNI CEVA (1648 – 1734) gibt eine allgemeine Bedingung an, unter der sich drei Ecktransversalen in einem Punkt schneiden.

Satz 6.2.1 (Satz des CEVA): Die folgenden zwei Aussagen über die inneren Ecktransversalen AA', BB' und CC' eines Dreiecks sind gleichwertig:

(*)   Die drei Ecktransversalen schneiden sich in einem Punkt.

(**) Es gilt $t(A,C',B) \cdot t(B,A',C) \cdot t(C,B',A) = 1$.

Beweis:

Aus (*) folgt (**):

Der Schnittpunkt sei P (Fig. 6.2.2). Nimmt man $\Delta PAC'$ von $\Delta CAC'$ weg, bleibt ΔCAP übrig. Daher gilt

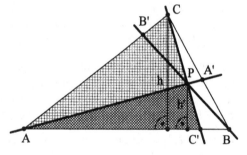
Fig. 6.2.2

$$A_{CAP} = \frac{1}{2}|AC'|(h-h').$$

Entsprechend erhält man

$$A_{BCP} = \frac{1}{2}|C'B|(h-h')$$

Division der Flächeninhalte ergibt:

(1) $A_{CAP} : A_{BCP} = |AC'| : |C'B| = t(A,C',B)$

Durch die zyklischen Substitutionen

$A \to B \to C \to A$ und $A' \to B' \to C' \to A'$ erhält man:

(2) $A_{ABP} : A_{CAP} = t(B, A', C)$ und   (3) $A_{BCP} : A_{ABP} = t(C, B', A)$.

Multipliziert man die linken bzw. die rechten Seiten von (1), (2) und (3), kürzen sich alle Flächeninhalte weg, und das Produkt das Teilverhältnisse hat damit den Wert 1.

Aus (**) folgt (*):

Man betrachte den Schnittpunkt P von AA' und BB'. Die Ecktransversale CP schneide $\overline{AB}$ im Punkt C". Nach dem ersten Beweisteil gilt $t(A, C", B) \cdot t(B, A', C) \cdot t(C, B', A) = 1$.

Nach Voraussetzung (**) gilt diese Beziehung aber auch mit C' anstelle von C".

Es folgt t(A, C", B) = t(A, C', B), nach Satz 6.1.1 also C" = C' und damit AC" = AC'. Die Ecktransversale AC' geht daher, ebenso wie AC", durch P.

Bemerkung: Die Beschränkung auf innere Ecktransversalen kann entfallen, wenn man (*) durch "oder sind parallel" ergänzt. Siehe Aufgabe 6.2.3.

Aufgabe 6.2.1: a) Für drei durch einen Punkt P gehende Ecktransversalen AA', BB' und CC' gelte t(B, A', C) = 1:2 und t(C, B,' A) = 3:4. Berechnen Sie t(A, C', B).
b) Konstruieren Sie in einem beliebigen Dreieck die in a) gegebenen Ecktransversalen AA' und BB'. Tragen Sie die Ecktransversale CP ein und überprüfen Sie, ob sich das berechnete Teilverhältnis beobachten lässt.

Aufgabe 6.2.2: Konstruieren Sie mit einem DGS an einem verziehbaren Dreieck die CEVA-Konfiguration. Überprüfen Sie das Produkt der Teilverhältnisse.
Hinweis: Falls Sie für das Teilverhältnis eine im DGS installierte Standardfunktion verwenden, müssen Sie damit rechnen, dass die Definition von unserer abweichen kann.

Aufgabe 6.2.3: Der Satz von CEVA wurde nur für innere Ecktransversalen formuliert. Er gilt aber auch für beliebige Ecktransversalen; vgl. Bemerkung nach dem Beweis.
a) Es sei t(A, C', B) = 3:2 und t(B, A', C) = − 1:4. Berechnen Sie t(C, B', A) und bestätigen Sie das Ergebnis anhand einer Konstruktion.
b) Untersuchen Sie die CEVA -Konfiguration für beliebige Ecktransversalen.

Aufgabe 6.2.4: Seitenhalbierende im Dreieck sind Ecktransversalen, die einen Eckpunkt mit dem Mittelpunkt der Gegenseite verbinden. Beweisen Sie, dass sich die drei Seitenhalbierenden in einem Punkt schneiden.

Aufgabe 6.2.5: Die Fußpunkte der Lote vom Inkreismittelpunkt auf die Seiten seien A', B' und C'. Beweisen Sie, dass sich AA', BB' und CC' in einem Punkt schneiden.
Hinweis: Suchen Sie nach Strecken gleicher Länge.

Aufgabe 6.2.6: In einem beliebigen Dreieck seien A', B' und C' die Schnittpunkte der Winkelhalbierenden w_α, w_β, w_γ mit den Gegenseiten. Weiterhin seien A'', B'' und C'' die Punktspiegelbilder von A', B' und C' an den jeweiligen Seitenmitten. Beweisen Sie, dass sich die Ecktransversalen AA'', BB'' und CC'' in einem Punkt schneiden.

Aufgabe 6.2.7: a) B' und C' seien die Fußpunkte der Höhen h_b bzw. h_c eines Dreiecks. Beweisen Sie: $|B'C| : |A'C| = h_a : h_b$.
b) Beweisen Sie mit a): Die Höhen im spitzwinkligen Dreieck gehen durch einen Punkt.
Hinweis: Versuchen Sie nicht, die Teilverhältnisse auf den Seiten direkt zu bestimmen.
c) Warum wird in b) die Spitzwinkligkeit vorausgesetzt?

Aufgabe 6.2.8: Die Kathete b des rechtwinkligen Dreiecks ABC wird von B aus auf der Hypotenuse abgetragen. Im Teildreieck ADC ergibt sich eine merkwürdige Schnittsituation. Beweisen Sie Ihre Beobachtung.

Hinweise: Beachten Sie Aufgabe 6.1.11. Wegen der Ähnlichkeit von ∆ADD' und ∆DBE lässt sich t(A, D', C) durch die Seitenlängen von ∆ADC ausdrücken.

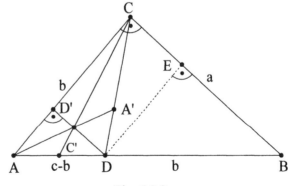

Fig. 6.2.3

6.3   Schwerpunkte

Der griechische Mathematiker und Ingenieur AR-
CHIMEDES (287 – 212 v. Chr.) hat den Schwerpunkt einer dreieckigen Platte durch ein Gedan-
kenexperiment ermittelt: Das Dreieck wird durch
viele schmale Rechtecke ersetzt (Fig. 6.3.1). Ihre
Mittelpunkte liegen auf einer **Seitenhalbieren-**
den, also auf einer Ecktransversalen durch eine
Seitenmitte. Unterstützt man die (waagerecht liegenden) Rechtecke längs dieser Linie, bleibt

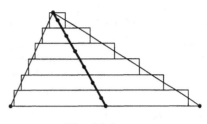

Fig. 6.3.1

jedes einzelne Rechteck und damit auch das Dreieck insgesamt im Gleichgewicht.
Der Punkt, in dem das Dreieck gestützt werden muss, um im Gleichgewicht zu bleiben,
liegt also auf der Seitenhalbierenden. Er liegt aber analog auch auf den anderen zwei
Seitenhalbierenden. Alle drei schneiden sich daher in einem Punkt, dem **Schwerpunkt**.

Satz 6.3.1: Die drei Seitenhalbierenden des Dreiecks schneiden sich in einem Punkt,
dem **Schwerpunkt** S. Dieser teilt jede Seitenhalbierende im Verhältnis 2:1.

Beweis: Die drei Seiten werden im Verhältnis 1:1 geteilt. Es gilt also
$t(A,C',B) \cdot t(B,A',C) \cdot t(C,B',A) = 1$.

Nach Satz 6.2.1 schneiden sich somit die Seitenhalbierenden in einem Punkt S.
Wegen $|CA|:|CB| = |CB'|:|CA'|$ sind $\triangle ABC$ und
$\triangle B'A'C$ zueinander ähnlich (Satz 4.2.4). Aus $\alpha = \beta'$
folgt $\overline{AB} \parallel \overline{B'A'}$. Daher stimmen $\triangle ABS$ und $\triangle A'B'S$
in den Winkeln überein und sind daher zueinander
ähnlich (Satz 4.2.6). Es folgt
$|BS|:|B'S| = |AB|:|A'B'|$

$\qquad\qquad = |AC|:|B'C|$

$\qquad\qquad = 2:1$

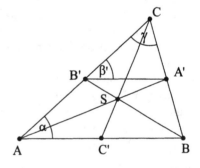

Fig. 6.3.2

Je nach physikalischer Beschaffenheit unterscheidet man drei Schwerpunkte.
Flächenschwerpunkt S_F: Das Dreieck ist eine homogene dünne Platte. Im Flächen-
schwerpunkt unterstützt, ruht die Platte im (labilen) Gleichgewicht.
Kantenschwerpunkt S_K: Das Dreieck besteht aus homogenen und gleichartigen dünnen
Stäben ("Kanten"). Der Gleichgewichtspunkt ist kein materieller Punkt des Dreiecks.
Man kann sich vorstellen, der "Rahmen" sei durch eine masselose Platte ausgefüllt.
Eckenschwerpunkt S_E: Das Dreieck besteht aus drei in den Ecken angebrachten gleich
schweren Massen von sehr kleiner räumlicher Ausdehnung.

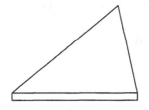
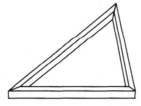
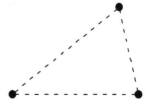

Bemerkung: Der geometrische Schwerpunkt des Dreiecks nach Satz 6.3.1 ist zugleich Flächen- und Eckenschwerpunkt (vgl. die Einleitung dieses Abschnitts und die Beispiele 6.3.1 und 6.3.2). Zum Kantenschwerpunkt siehe Beispiel 6.3.3.

Die Seitenhalbierenden heißen auch **Schwerlinien**, weil das Dreieck auf ihnen im Gleichgewicht liegt. Das gilt aber auch für alle anderen Geraden durch den Schwerpunkt. Wir nennen sie **allgemeine Schwerlinien**. Der Schwerpunkt ist daher auch der Schnittpunkt je zweier solcher allgemeiner Schwerlinien.

Wie beim Schwerpunkt sind Flächen-, Kanten- und Eckenschwerlinien zu unterscheiden.

Aufgabe 6.3.1: Im Beweis der Teilungseigenschaft in Satz 6.3.1 wird nicht benutzt, dass sich die Seitenhalbierenden in einem Punkt schneiden. Beweisen Sie die Schnitteigenschaft, indem Sie den (evtl. von S verschiedenen) Schnittpunkt S' von $\overline{BB'}$ und $\overline{CC'}$ betrachten und die Übereinstimmung von S' mit S nachweisen.

Aufgabe 6.3.2: Ein Dreieck hat die Eckpunkte a) A(3|6); B(12|0); C(9|3), b) A(4|8); B(3|−1); C(2|5) Konstruieren Sie den (geometrischen) Schwerpunkt und geben Sie seine Koordinaten an. Welche Vermutung gewinnen Sie?

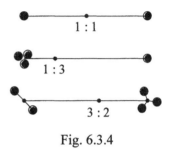

1 : 1

1 : 3

3 : 2

Fig. 6.3.4

Beispiel 6.3.1: Zwei Massen sind durch einen masselosen Stab verbunden. Der Gleichgewichtspunkt, also der Eckenschwerpunkt dieses "Zweiecks" teilt den Stab im umgekehrten Verhältnis der anliegenden Massen. Dabei liegt der längere Abschnitt auf der Seite der kleineren Masse (Hebelgesetz; Fig. 6.3.4).

Jedes in der Ebene (oder sogar im Raum) ausgedehnte Massensystem kann durch eine im Schwerpunkt platzierte insgesamt gleich schwere Masse ersetzt werden.

Verlagerungen von Massen, die die Lage des Schwerpunkts nicht verändern, nennen wir neutral. Fig. 6.3.5 zeigt neutrale Verlagerungen vom Massen, die anfänglich in den Eckpunkten eines Dreiecks platziert sind.

Aufgabe 6.3.3: Erklären Sie Fig. 6.3.5.

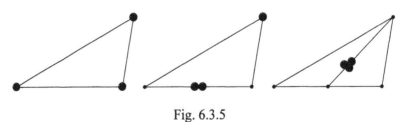

Fig. 6.3.5

Aufgabe 6.3.4: Gegeben ist das Viereck ABCD mit A(1|3), B(12|1), C(13|7), D(6|9). Konstruieren Sie durch neutrale Verlagerungen nach Beispiel 6.3.1 den Eckenschwerpunkt S_E des Vierecks. Es gibt mehrere Möglichkeiten. Lesen Sie die Koordinaten des Schwerpunkts ab.

Wie hätte man die Koordinaten von S_E rechnerisch ermitteln können?

Aufgabe 6.3.5: In einem beliebigen Viereck seien T, U, V, W die Seitenmitten sowie M_1 und M_2 die Mittelpunkte der Diagonalen. Begründen Sie, dass die Mittelpunkte der Strecken $\overline{TV}$ und $\overline{UW}$ sowie der Mittelpunkt der Strecke $\overline{M_1M_2}$ im Eckenschwerpunkt des Vierecks zusammenfallen.

Aufgabe 6.3.6: Gegeben ist das Fünfeck ABCDE mit A(2|5), B(7|1), C(12|2), D(10|9), E(4|8). Konstruieren Sie den Eckenschwerpunkt. Es gibt mehrere Möglichkeiten.
Geben Sie die Koordinaten des Eckenschwerpunkts an. Wie hätte man diese rechnerisch ermitteln können? Wie kann man bei einem Sechseck verfahren?

Aufgabe 6.3.7: Wie konstruiert man geschickt den Eckenschwerpunkt eines Sechsecks?

Aufgabe 6.3.8: Geben Sie eine Regel an, mit der man den Eckenschwerpunkt eines n-Ecks aus den Koordinaten berechnen kann (vgl. Aufgaben 6.3.6 und 6.3.7). Beweis?

Beispiel 6.3.2: Der Symmetriepunkt einer punktsymmetrischen Figur ist sowohl ihr Flächen- als auch ihr Eckenschwerpunkt. Man kann die Figur nämlich in Paare von symmetrisch liegenden kongruenten Flächenstücken zerlegen, die einander jeweils das Gleichgewicht halten (Fig. 6.3.6).
Die Eigenschaft als Eckenschwerpunkt ergibt sich unmittelbar aus der symmetrischen Lage der Eckpunkte.

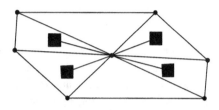

Fig. 6.3.6

Aufgabe 6.3.9: Konstruieren Sie den Flächenschwerpunkt S_F des Vierecks ABCD mit den Eckpunkten A(1|8), B(2|2), C(12|8), D(11|11). Verwenden Sie Flächenschwerlinien. Vergleichen Sie Flächen- und Eckenschwerpunkt.

Beispiel 6.3.3: Man kann sich die Masse eines Stabes im Mittelpunkt vereinigt denken. Der gemeinsame Schwerpunkt zweier Stäbe (Kanten) liegt also auf der Verbindungsstrecke ihrer Mittelpunkte und teilt sie im umgekehrten Verhältnis der Massen, also der Längen.
Fig. 6.3.7 zeigt eine Kantenschwerlinie eines Dreiecks mit a = 6 cm und b = 9 cm; die Länge c ist hier belanglos.

Aufgabe 6.3.10: Konstruieren Sie den Kantenschwerpunkt des Dreiecks ABC mit a = 9 cm; b = 6 cm; c = 10 cm.

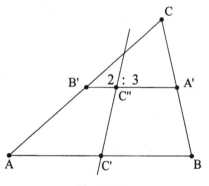

Fig. 6.3.7

Aufgabe 6.3.11: Beweisen Sie mit Hilfe von Aufgabe 6.1.11, dass der Kantenschwerpunkt eines Dreiecks ABC der Inkreismittelpunkt des Seitenmittendreiecks A'B'C' ist.

Aufgabe 6.3.12: Überzeugen Sie sich (am besten mit Hilfe eines DGS), dass die drei besprochenen Schwerpunkte im allgemeinen Viereck nicht zusammenfallen.

7 Satzgruppe des PYTHAGORAS

Zu dieser Satzgruppe gehören der Satz des PYTHAGORAS, der Kathetensatz und der Höhensatz des EUKLID. Die Sätze beziehen sich auf rechtwinklige Dreiecke. Sie machen grob gesprochen Aussagen über Flächeninhalte von Vierecken über den Dreiecksseiten. Da der Flächeninhalt von Vielecken bisher nicht angesprochen wurde, sollen zunächst einige einschlägige Grundbegriffe zusammengestellt werden.

7.1 Flächeninhalt von Vielecken

Jedes Vieleck zerlegt die Ebene in drei disjunkte Punktmengen: die Punkte des Vielecks, das Innere des Vielecks und das Äußere des Vielecks. Beispielsweise ist in Fig. 7.1.1 das Innere des Vielecks gerastert.

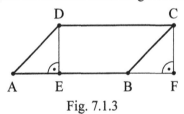

Fig. 7.1.1

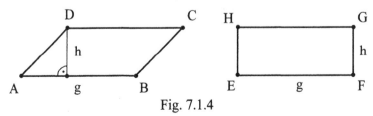

Fig. 7.1.2

Die **Fläche eines Vielecks** besteht aus den Punkten des Vielecks und den Punkten seines Inneren. Ist ein Vieleck aus Teilvielecken so zusammengesetzt, dass die Inneren der Teilvielecke paarweise disjunkt sind und dass die Vereinigung der Flächen der Teilvielecke die Fläche des Vielecks ergibt, so bilden die Teilvielecke eine **Zerlegung des Vielecks**. Fig. 7.1.2 zeigt eine solche Zerlegung. Zwei Vielecke sind **zerlegungsgleich**, wenn sie in paarweise kongruente Teilvielecke zerlegbar sind.

Beispiel 7.1.1: Jedes Parallelogramm ist zerlegungsgleich zu einem Rechteck. Für jedes

Fig. 7.1.3

von einem Rechteck verschiedene Parallelogramm kann man bezüglich seiner Ecken folgendes zeigen (Fig. 7.1.3). Es gibt mindestens eine Ecke D so, dass der Fußpunkt E des Lotes von D auf AB nach $\overline{AB}$ fällt. Dabei ist E von A und B verschieden. Das Dreieck AED verschieben wir längs AB, bis A auf B fällt. Die Dreiecke AED und BFC sind kongruent. Das Viereck EBCD ist zu sich selbst kongruent. Folglich ist das Parallelogramm ABCD zerlegungsgleich zum Rechteck EFCD.

Zerlegungsgleiche Vielecke haben den gleichen **Flächeninhalt**. Aus Fig. 7.1.4 ergibt sich auf Grund der Zerlegungsgleichheit des Parallelogramms ABCD und des Rechtecks EFGH für den Flächeninhalt des Parallelogramms die bekannte Formel $A = g \cdot h$.

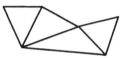

Fig. 7.1.4

Aufgabe 7.1.1: In Figur 7.1.5 sind zwei Parallelogramme ABCD und ABEF dargestellt. Die Parallelogramme haben die gleiche Grundlinie $\overline{AB}$ und die gleiche Höhe, den Abstand der parallelen Geraden AB und DE. Ferner sind Zerlegungen der Parallelogramme angegeben.

Erläutern Sie die Konstruktion der Zerlegungen und weisen Sie nach, dass die Parallelogramme zerlegungsgleich sind.

Was lässt sich daraus über den Flächeninhalt von Parallelogrammen gleicher Grundlinie und gleicher Höhe folgern?

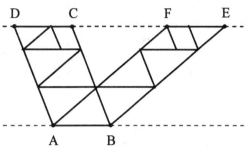

Fig. 7.1.5

Aufgabe 7.1.2: Zeigen Sie an Hand von Fig. 7.1.6, dass jedes Dreieck zerlegungsgleich zu einem Rechteck ist. M_a und M_b sind die Mittelpunkte der Seiten $\overline{BC}$ und $\overline{AC}$.

g sei die Länge der Grundseite $\overline{AB}$ des Dreiecks. h sei die zugehörige Höhe. Begründen Sie die Formel $A = \frac{g}{2} \cdot h$ für den Flächeninhalt des Dreiecks.

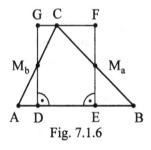

Fig. 7.1.6

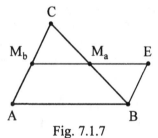

Fig. 7.1.7

Aufgabe 7.1.3: Beweisen Sie, dass in Fig. 7.1.7 das Dreieck ABC zerlegungsgleich ist zum Parallelogramm $ABEM_b$.

Die Berechnung des Flächeninhalts eines Vielecks wird auf die Berechnung des Flächeninhalts vom Dreieck zurückgeführt. Wie in Fig. 7.1.8 angedeutet kann man jedes Vieleck in Dreiecke zerlegen. Deren Flächeninhalte werden addiert und ergeben den Flächeninhalt des Vielecks.

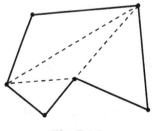

Fig. 7.1.8

Den Flächeninhalt eines Vielecks gibt man beispielsweise in der Form 4,5 m² an. Dabei ist 4,5 die Maßzahl und m² die Maßeinheit. Wir setzen diesen Zusammenhang als bekannt voraus.

7.2   Satz des PYTHAGORAS

Der Satz des PYTHAGORAS war den Babyloniern bereits in der Zeit um 2000 – 1600 v. Chr. bekannt. Sie benutzten ihn bei der Berechnung von Längen an rechtwinkligen Dreiecken. Es ist aber bisher keine Begründung des Satzes aus dieser Zeit entdeckt worden. Der erste Beweis wird PYTHAGORAS (ca. 580 – 510 v. Chr.) zugesprochen. Über sein Leben und Werk gibt es allerdings keine authentischen Berichte.

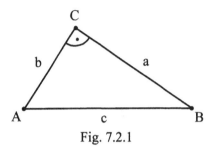

Fig. 7.2.1

Gegeben ist ein Dreieck ABC mit dem rechten Winkel bei C (Fig. 7.2.1). Die dem rechten Winkel anliegenden Seiten a und b sind die **Katheten**, die dem rechten Winkel gegenüberliegende Seite c ist die **Hypotenuse**. Dann gilt für die Quadrate über den Katheten und über der Hypotenuse:

Satz 7.2.1: Hat das Dreieck ABC bei C einen rechten Winkel, so gilt $a^2 + b^2 = c^2$.

Beweis: Der folgende Beweis ist ein typischer "Zerlegungsbeweis". Als Grundlage benötigt man den Winkelsummensatz für Dreiecke sowie die Tatsache, dass die Diagonale eines Rechtecks dieses in zwei kongruente rechtwinklige Dreiecke zerlegt. Man geht von zwei Quadraten der Seitenlänge a + b aus und zerlegt diese in folgender Weise (Fig. 7.2.2 und 7.2.3).

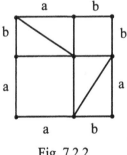

Fig. 7.2.2

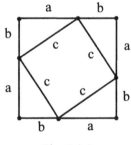

Fig. 7.2.3

In Fig. 7.2.2 gilt offensichtlich

$$(a + b)^2 = a^2 + b^2 + 2 \cdot a \cdot b$$

Die vier kongruenten rechtwinkligen Dreiecke aus Fig. 7.2.2 werden wie in Fig. 7.2.3 dem zweiten Quadrat einbeschrieben. Aus dem Winkelsummensatz folgt direkt, dass das Viereck mit der Seite c ein Quadrat ist. Hier ergibt sich

$$(a + b)^2 = c^2 + 4 \cdot \frac{a \cdot b}{2}$$

Aus den beiden Gleichungen folgt unmittelbar die Behauptung.

Beispiel 7.2.1: Ein babylonischer Keilschrifttext enthält folgende Anwendung des Satzes von PYTHAGORAS (Fig. 7.2.4): An einer lotrechten Wand steht eine Leiter der Länge c. Die Leiter wird am unteren Ende von der Wand weggezogen und rutscht mit dem oberen Ende um die Strecke b nach unten. Wie weit ist das untere Ende der Leiter von der Wand entfernt?

Aus $(c - b)^2 + x^2 = c^2$ ergibt sich die Lösung $x = \sqrt{c^2 - (c - b)^2}$.

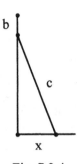

Fig. 7.2.4

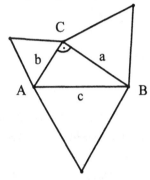

Fig. 7.2.5

Aufgabe 7.2.1: Über den Seiten eines rechtwinkligen Dreiecks ABC sind gleichseitige Dreiecke errichtet (Fig. 7.2.5).

a) Zeigen Sie, dass im Dreieck über der Seite a für die Höhe h_a gilt: $h_a = \dfrac{\sqrt{3}}{2} \cdot a$.

b) Beweisen Sie, dass die Summe der Flächeninhalte der Dreiecke über den Katheten gleich dem Flächeninhalt des Dreiecks über der Hypotenuse ist.

Aufgabe 7.2.2: Erläutern Sie, warum die Aussage aus Aufgabe 7.2.1 b) für beliebige zueinander ähnliche Vielecke über den Seiten eines rechtwinkligen Dreiecks richtig ist.

Aufgabe 7.2.3: Zeigen Sie, dass auch die Umkehrung des Satzes von PYTHAGORAS richtig ist: Gilt für die Seitenlängen a, b, c eines Dreiecks ABC die Beziehung $a^2 + b^2 = c^2$, so liegt der Seite c ein rechter Winkel gegenüber.

Hinweis: Konstruieren Sie ein Dreieck A*B*C* mit Seiten a und b, die einen rechten Winkel einschließen. Zeigen Sie dann, dass die Dreiecke ABC und A*B*C* kongruent sind.

Die Umkehrung des Satzes von PYTHA-GORAS dient schon seit ca. 3500 Jahren zum Abstecken rechter Winkel im Gelände mittels einer Knotenschnur. Die Schnur wird mit Hilfe von 13 Knoten in 12 gleich lange Strecken geteilt und wie in Fig. 7.2.6 ausgelegt.

Fig. 7.2.6

7.3   Kathetensatz des EUKLID

Der Kathetensatz spielte bei den klassischen Quadraturproblemen eine zentrale Rolle. Es ging darum, Vielecke konstruktiv mit Zirkel und Lineal in flächengleiche Quadrate zu verwandeln. Der Beweis des Satzes wird EUKLID (ca. 300 v. Chr.) zugeschrieben.

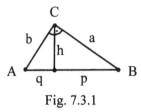

Fig. 7.3.1

ABC sei ein Dreieck mit einem rechten Winkel bei C (Fig. 7.3.1). Die Höhe h auf die Hypotenuse c teilt diese in zwei Abschnitte q und p. Dabei q ist der Abschnitt, der an b liegt, und p ist der Abschnitt, der an a liegt.

Satz 7.3.1: Im rechtwinkligen Dreieck ist das Quadrat über einer Kathete flächengleich dem Rechteck aus der Hypotenuse und dem anliegenden Hypotenusenabschnitt.

Mit den Bezeichnungen aus Fig. 7.3.1 ist $a^2 = p \cdot c$ und $b^2 = q \cdot c$.

Beweis: Wir führen den Beweis in Anlehnung an EUKLID für das Quadrat über der Kathete b.

In Fig. 7.3.2 sind die Geraden AE und BD zueinander parallel. Dann ist EABF ein Parallelogramm mit |AB| = |EF|. Das Quadrat EACD ist flächengleich dem Parallelogramm EABF, da die Grundseite $\overline{AE}$ und die Höhe $\overline{ED}$ des Parallelogramms genau so lang sind wie b. Das Parallelogramm EABF wird um A im Uhrzeigersinn um 90° gedreht (Fig. 7.3.3). Man erhält das Parallelogramm CAKG, welches zum Rechteck LAKH flächengleich ist. Damit ist $b^2 = q \cdot c$.

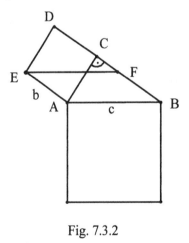

Fig. 7.3.2

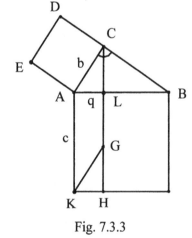

Fig. 7.3.3

Der Beweis für das Quadrat über der Kathete a verläuft völlig analog.

Der Kathetensatz und der Satz des PYTHAGORAS spielten in der griechischen Geometrie beim Vergleich von Vielecksflächeninhalten eine Rolle. Quadrate lassen sich direkt durch Übereinanderlegen vergleichen. Handelt es sich um beliebige Vielecke, so versagt dieser direkte Vergleich im Allgemeinen. Es lag daher nahe, Vielecke in flächeninhaltsgleiche Quadrate umzuformen und diese zu vergleichen. Dieses zeichnerisch-konstruktive Verfahren kann man in folgende Einzelschritte gliedern.

1. Schritt: Gegeben Sie ein Vieleck wie in Fig. 7.3.4. Übertragen Sie das Vieleck in passender Größe auf ein Blatt Papier und zerlegen Sie das Vieleck in Dreiecke.

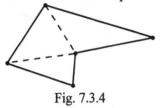

Fig. 7.3.4   Fig. 7.3.5

2. Schritt: Wandeln Sie jedes Teildreieck des Vielecks in ein flächengleiches Rechteck um.
Hinweis: Beachten Sie die in Fig. 7.1.5 und in Fig. 7.3.5 skizzierten Verfahren.

3. Schritt: Wandeln Sie jedes Rechteck in ein flächeninhaltsgleiches Quadrat um.
Hinweis: Gegeben sei das Rechteck AGHB (Fig. 7.3.6). Zeichnen Sie über der Seite $\overline{AB}$ den Thaleskreis mit Mittelpunkt M. Das Abtragen von $|AG|$ von A aus auf $\overline{AB}$ liefert F. Der Punkt F wird als Fußpunkt der Höhe $\overline{FC}$ eines rechtwinkligen Dreiecks ABC genommen. Zeigen Sie, dass das Quadrat ACDE über $\overline{AC}$ das gesuchte Quadrat ist.

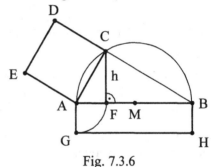

Fig. 7.3.6

4. Schritt: "Addieren" Sie die aus den Rechtecken erhaltenen Quadrate.
Hinweis: Wenden Sie sukzessiv den Satz von PYTHAGORAS an (Fig. 7.3.7).

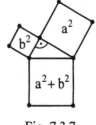

Fig. 7.3.7

Aufgabe 7.3.1: Zerlegen Sie ein Vieleck auf zwei verschiedene Arten in Dreiecke und wiederholen Sie für jede Zerlegung das Verfahren zur Umwandlung in ein flächengleiches Quadrat. Vergleichen Sie die Ergebnisse.

7.4 Höhensatz des EUKLID

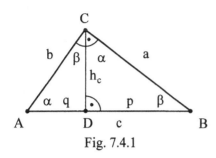

Fig. 7.4.1

Wir gehen von einem Dreieck ABC mit dem rechten Winkel bei C aus (Fig. 7.4.1). D sei der Fußpunkt der Höhe auf c. p und q seien die zugehörigen Hypotenusenabschnitte. Die Dreiecke ABC, BCD und CAD sind paarweise ähnlich, da sie in entsprechenden Winkeln übereinstimmen. Dann stehen nach dem Ähnlichkeitssatz WWW entsprechende Seiten im gleichen Verhältnis.

Im einzelnen heißt dies:

(a)   Dreiecke ABC und BCD: $c : a = a : p$ bzw. $a^2 = p \cdot c$

(b)   Dreiecke ABC und CAD: $c : b = b : q$ bzw. $b^2 = q \cdot c$

(c)   Dreiecke BCD und CAD: $p : h_c = h_c : q$ bzw. $h_c^2 = p \cdot q$

Die Aussagen (a) und (b) sind als Kathetensätze bereits bekannt. Aus (a) und (b) ergibt zudem wegen $p + q = c$ unmittelbar der Satz des PYTHAGORAS.

Die Aussage in (c) besagt, dass das Quadrat über der Höhe h_c flächengleich ist zu dem Rechteck aus den Hypotenusenabschnitten p und q. Dies ist der Höhensatz des EUKLID:

> **Satz 7.4.1:** In einem rechtwinkligen Dreieck ABC mit dem rechten Winkel bei C, der
> Höhe h_c und den zugehörigen Hypotenusenabschnitten p und q gilt: $h_c^2 = p \cdot q$

Der Höhensatz kann genau so wie der Kathetensatz benutzt werden, um ein Rechteck in ein flächengleiches Quadrat umzuwandeln.

Beispiel 7.4.1: Wir gehen vom Rechteck ABCD mit den Seiten p und q aus (Fig. 7.4.2).

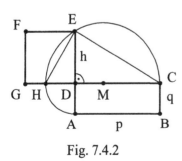

Fig. 7.4.2

Die Seite $\overline{CD}$ wird über D hinaus um q bis H verlängert. Über $\overline{CH}$ errichten wir den Thaleskreis mit Mittelpunkt M. Dann zeichnen wir die Senkrechte DE zu CH durch D und erhalten den Schnittpunkt E mit dem Kreis. $\overline{DE}$ ist die Höhe h im rechtwinkligen Dreieck HCE. Nach dem Höhensatz ist $h_c^2 = p \cdot q$ und DEFG ist das gesuchte flächengleiche Quadrat.

Der Höhensatz kann auch aus dem Halb-
sehnensatz (Kap. 4.3) gefolgert werden. In
Fig. 7.4.3 ist $\overline{CD}$ der Durchmesser eines
Kreises um M. Die Sehne $\overline{AB}$ schneidet
den Durchmesser senkrecht in S. Nach dem
Halbsehnensatz ist |SA|·|SB| = |SC|·|SD|. Da
$\overline{SB}$ die Höhe im rechtwinkligen Dreieck
CDB ist, ist dies wegen |SA| = |SB| gerade
die Aussage des Höhensatzes.

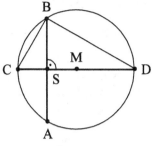

Fig. 7.4.3

Aufgabe 7.4.1: Fig. 7.4.4 zeigt den Thaleskreis über $\overline{AB}$ mit Mittelpunkt M und
Radius |MC|. Die Strecke $\overline{CD}$ steht senk-
recht auf $\overline{AB}$. Leiten Sie mit Hilfe des Satzes von PYTHAGORAS bezüglich des Drei-
ecks MCD den Höhensatz für das rechtwinklige Dreieck ABC ab:

$|CD|^2 = |AD|\cdot|DB|$.

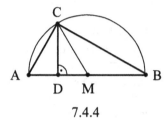

7.4.4

Hinweis: Beachten Sie |AD| + |DM| = |AM| = |MC| und |AD| + |DB| = |AB| = 2·|MC|.

Aufgabe 7.4.2: Konstruieren Sie jeweils auf zwei verschiedene Weisen zu einem gleichschenkligen Trapez und einem regelmäßigen Sechseck ein flächengleiches Quadrat.

Aufgabe 7.4.3: Gegeben ist ein Quadrat mit der Seitenlänge 3 cm. Konstruieren Sie ein
flächengleiches Rechteck mit der Länge 5 cm.

Aufgabe 7.4.4: Entwickeln Sie mit Hilfe des Höhensatzes eine Konstruktion, die zu jeder nicht negativen Zahl deren Quadratwurzel liefert.

Aufgabe 7.4.5: Setzen Sie die Spirale in
Fig. 7.4.5 fort und berechnen Sie die jeweils
fehlenden Seitenlängen.

Aufgabe 7.4.6: Gegeben ist ein Quadrat mit
der Seitenlänge 4 cm. Konstruieren Sie ein
Quadrat mit dreifachem Flächeninhalt.

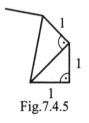

Fig.7.4.5

Aufgabe 7.4.7: Drei natürliche Zahlen a, b, und c, die der Bedingung $a^2 + b^2 = c^2$ genügen, bilden ein pythagoreisches Zahlentripel. Zeigen Sie, dass $a = u^2 - v^2$, $b = 2 \cdot u \cdot v$ und
$c = u^2 + v^2$ für beliebige natürliche Zahlen u und v ein solches Tripel bilden.
Geben Sie fünf pythagoreische Zahlentripel an, die paarweise nicht ähnliche Dreiecke
ergeben.

8 Trigonometrie

8.1 Sinus, Kosinus, Tangens

Zwei rechtwinklige Dreiecke sind zueinander ähnlich, wenn sie in einem spitzen Winkel übereinstimmen (Satz 4.2.6). Es gilt dann:
a:c = a':c'; b:c = b':c'; a:b = a':b'
Der Winkel α bestimmt die Seitenverhältnisse, und jedes Seitenverhältnis bestimmt den Winkel α.

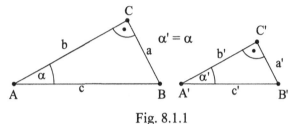

Fig. 8.1.1

Def. 8.1.1: Für die Seitenverhältnisse im rechtwinkligen Dreieck werden besondere Bezeichnungen eingeführt: $\sin \alpha := a:c$; $\cos \alpha := b:c$; $\tan \alpha := a:b$

Die Seitenverhältnisse lassen sich auch durch die Koordinaten eines Punkts auf dem Einheitskreis im ersten Quadranten ausdrücken. Dann ist also c = 1. Es ist zweckmäßig, diesen Sachverhalt zur Definition von $\sin \alpha$, $\cos \alpha$ und $\tan \alpha$ für stumpfe und überstumpfe Winkel zu nutzen. Fig. 8.1.2 zeigt je einen Punkt in jedem der vier Quadranten.

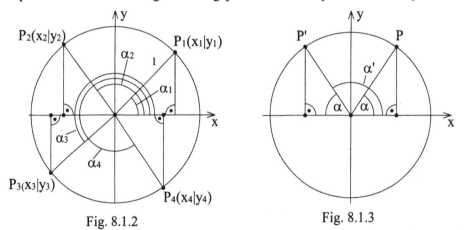

Fig. 8.1.2   Fig. 8.1.3

Def. 8.1.2: Der Punkt P(x|y) liege auf dem Einheitskreis und auf der Halbgeraden, die mit der positiven x-Achse den Winkel α einschließt (Fig. 8.1.2). In Erweiterung von Def. 8.1.1 setzt man: $\sin \alpha := y$; $\cos \alpha := x$; $\tan \alpha := \dfrac{y}{x}$, wobei $x \neq 0$.

Für stumpfe Winkel α ist $180° - \alpha$ spitz. Fig. 8.1.3 zeigt folgende Sachverhalte:
$\sin \alpha = \sin (180° - \alpha)$; $\cos \alpha = -\cos (180° - \alpha)$; $\tan \alpha = -\tan (180° - \alpha)$
$\sin 0° = 0$; $\cos 0° = 1$; $\tan 0° = 0$; $\sin 90° = 1$; $\cos 90° = 0$; $\tan 90°$ ist nicht definiert.
Ist α spitz, recht bzw. stumpf, so gilt $\cos \alpha > 0°$ bzw. $\cos \alpha = 0°$ bzw. $\cos \alpha < 0°$.
Die Beziehung $\sin^2 \alpha + \cos^2 \alpha = 1$ gilt für alle Winkel (vgl. Aufgabe 8.1.7).

Aufgabe 8.1.1: Zeichnen Sie einen Kreis mit r = 5 cm. Tragen Sie die Kreispunkte mit den Winkeln α = 35°, 50°, 75°, 130°, 210°, 300°, 335° ein. Ermitteln Sie grafisch die Sinus-, Kosinus- und Tangenswerte dieser Winkel und prüfen Sie mit Hilfe des Taschenrechners die Genauigkeit der grafischen Ermittlung.
Hinweis: Die Längeneinheit ist also 5 cm.

Aufgabe 8.1.2: Zeichnen Sie in einen Kreis mit r = 5 cm die folgenden Punkte ein, von denen je eine Koordinate und das Vorzeichen der anderen Koordinate gegeben sind:
a) x = 4,0 cm; y > 0   b) y = 3,6 cm; x > 0 c) x = – 2,0 cm; y < 0   d) y = – 1,0 cm; x > 0
Bestimmen Sie grafisch den zugehörigen Winkel α und prüfen Sie mit Hilfe des Taschenrechners die Genauigkeit der Messung.

Beispiel 8.1: Im rechtwinkligen Dreieck ABC mit
γ = 90° gelte b = 5 cm und α = 37°. Aus

$\cos\alpha = \dfrac{b}{c}$ ergibt sich $c = \dfrac{b}{\cos\alpha} = 6,3\,\text{cm}$. Die Seiten-

länge a lässt sich aus $\tan\alpha = \dfrac{a}{b}$ oder mit dem Satz

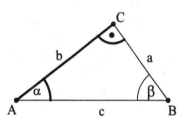

Fig. 8.1.4

des PYTHAGORAS berechnen; Ergebnis b = 3,8 cm.
In solchen Rechnungen setzen wir trotz Rundung das
Gleichheitszeichen.
Für weitere Berechnungsfälle siehe Aufgabe 8.1.3.

Aufgabe 8.1.3: Berechnen Sie die fehlenden Seiten und Winkel von $\triangle$ABC mit γ = 90°:
a) a = 9 cm; b = 7 cm, b) a = 5 cm; c = 9 cm, c) b = 8 cm; α = 52°, d) a = 6 cm; α = 25°.

Aufgabe 8.1.4: Am halbierten gleichseitigen bzw. am gleichschenklig-rechtwinkligen

Dreieck findet man "besondere Werte" wie beispielsweise $\cos 30° = \dfrac{1}{2}\sqrt{3}$. Geben Sie die

besondern Werte von Sinus, Kosinus und Tangens für α = 30°; 45°; 60° an.

Aufgabe 8.1.5: Begründen Sie durch eine geeignete Figur für 0° < α < 90°:
a) $\sin(180° - \alpha) = \sin\alpha$,   b) $\cos(180° + \alpha) = -\cos\alpha$,   c) $\cos(360° - \alpha) = \cos\alpha$,

d) $\tan(180° - \alpha) = -\tan\alpha$,   e) $\cos(90° - \alpha) = \sin\alpha$,   f) $\tan(90° - \alpha) = \dfrac{1}{\tan\alpha}$.

Diese Beziehungen gelten nicht nur für 0° < α < 90°, sondern für beliebige Winkel.
Begründen Sie diese Aussage zumindest für die Formel a).
Geben Sie – mit Begründung – weitere solche Beziehungen an.

Aufgabe 8.1.6: Bestimmen Sie alle Lösungen α mit 0° $\leq \alpha$ < 360°:
a) $\sin\alpha$ = 0,65,   b) $\sin\alpha$ = – 0,65,   c) $\cos\alpha$ = 0,38,   d) $\cos\alpha$ = – 0,38,
e) $\sin^2\alpha$ = 0,49,   f) $\cos^4\alpha$ = 0,1707.

Aufgabe 8.1.7: Begründen Sie: Für alle Winkel α gilt $\sin^2\alpha + \cos^2\alpha = 1$.
Diese Formel heißt auch "trigonometrischer PYTHAGORAS". Warum ist die Auflösung
$\sin\alpha = \sqrt{1 - \cos^2\alpha}$ nicht korrekt? Wie lautet sie richtig?

8.2   Kosinussatz und Sinussatz

Nach den vier Kongruenzsätzen aus Kap. 2.3.und 2.4 sind Dreiecke eindeutig konstruierbar, wenn Seiten und Winkel in geeigneter Auswahl vorgegeben sind. Hand in Hand mit der Konstruierbarkeit geht die Berechenbarkeit. Geeignete Vorgaben sind:
1) drei Seiten (SSS),   2) zwei Seiten und der eingeschlossene Winkel (SWS),
3) eine Seite und die zwei anliegenden Winkel (WSW),
4) zwei Seiten und der Gegenwinkel der größeren Seite (SSW_g).
Mit den folgenden zwei Sätzen kann man die vier Berechnungsaufgaben lösen.

Satz 8.2.1 (Kosinussatz): Mit den üblichen Bezeichnungen gilt in jedem Dreieck die
Formel $c^2 = a^2 + b^2 - 2ab\cos\gamma$.

Beweis: Das Dreieck ABC mit spitzem Winkel
γ wird durch die Höhe h_a zerlegt (Fig. 8.2.1). In
$\Delta A'CA$ werden die Seitenlängen durch b und γ
ausgedrückt. Daraus ergibt sich
$|BA'| = a - b\cos\gamma$.

In $\Delta ABA'$ gilt nach dem Satz des Pythagoras:
$$c^2 = (a - b\cos\gamma)^2 + (b\sin\gamma)^2$$
$$= a^2 - 2ab\cos\gamma + b^2(\cos^2\gamma + \sin^2\gamma)$$
$$= a^2 + b^2 - 2ab\cos\gamma$$

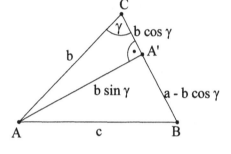

Fig. 8.2.1

Ist γ stumpf, liegt A' auf der Verlängerung
von $\overline{AB}$, und es gilt $|BA'| = |BC| + |CA'|$. Wegen $\cos\gamma < 0$ bei $\gamma > 90°$ ergibt sich
daraus aber wieder $|BA'| = a - b\cos\gamma$ und damit $c^2 = a^2 + b^2 - 2ab\cos\gamma$.

Ist $\gamma = 90°$, wird der Kosinussatz wegen $\cos 90° = 0$ zum Satz des PYTHAGORAS.

Satz 8.2.2 (Sinussatz): Mit den üblichen Bezeichnungen gilt in jedem Dreieck die

Formel $\dfrac{\sin\alpha}{a} = \dfrac{\sin\beta}{b}$.

Beweis (Fig. 8.2.2): In $\Delta AC'C$ bzw. $\Delta BC'C$ gilt
$h_c = b\sin\alpha$ und $h_c = a\sin\beta$.
Gleichsetzen ergibt
$b\sin\alpha = a\sin\beta$.
Division durch a und b führt zur Behauptung.

Der Fall, dass C' kein innerer Punkt von $\overline{AB}$ ist, wird
in Aufgabe 8.2.2 bearbeitet.

Bemerkung: Zu den Formeln aus Satz 8.2.1 und
Satz 8.2.2 gehören je zwei weitere (Aufgabe 8.2.1).

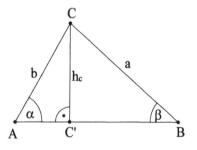

Fig. 8.2.2

Aufgabe 8.2.1: Führen Sie in den Formeln des Sinus- und des Kosinussatzes die zyklischen Vertauschungen a → b → c→ a und α → β → γ → α aus.

Aufgabe 8.2.2: Beweisen Sie den Sinussatz für den Fall, dass C' kein innerer Punkt von $\overline{AB}$ ist. Es genügt dazu, α > 90° und α = 90° zu unterscheiden.

Aufgabe 8.2.3: Berechnen Sie die dritte Seitenlänge des Dreiecks ABC.
a) a = 9 cm; b = 6 cm und γ = 57°,   b) b = 7 cm; c = 4 cm; α = 125°.

Beispiel 8.2.1: Aus a = 9 cm, b = 6 cm und c = 5 cm berechnet man
$$\cos\gamma = \frac{a^2 + b^2 - c^2}{2ab} = 0,8519; \; \gamma = 31,6°$$
Entsprechend ergibt sich α = 109,5° und damit β = 180° − α − γ = 38,9°
Der Kosinussatz leistet also die Berechnung der Dreieckswinkel im Fall SSS.

Aufgabe 8.2.4: Berechnen Sie die Winkel des Dreiecks ABC mit
a) a = 8 cm; b = 6 cm; c = 7 cm,   b) a = 13 cm; b = 10 cm; c = 7 cm.

Aufgabe 8.2.5: Berechnen Sie den Winkel γ des Dreiecks mit
a) a = 9 cm; b = 24 cm; c = 21 cm,   b) a = 9 cm; b = 56 cm; c = 61 cm.
Welchen besonderen Gleichungen genügen die Seitenlängen?

Aufgabe 8.2.6: Unter welchen Bedingungen für die Seitenlängen ist ein Dreieck spitz-, recht- bzw. stumpfwinklig? Fig. 8.2.3 gibt eine Anregung für eine Demonstration mit einem DGS.

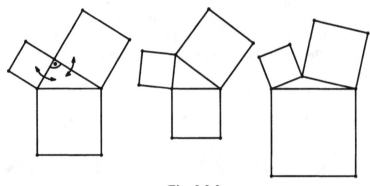

Fig. 8.2.3

Aufgabe 8.2.7: Beweisen Sie die Flächeninhaltsformel des Dreiecks $A = \frac{1}{2}ab\sin\gamma$.

Aufgabe 8.2.8: Berechnen Sie den Flächeninhalt des Dreiecks mit
a) a = 7 cm; b = 12 cm; γ = 70°,   b) a = 7 cm; b = 12 cm; γ = 110°,
c) b = 7 cm; c = 10 cm; α = 55°,   d) a = 10 cm; c = 20 cm; β = 30°.
Geben Sie einige zum Dreieck c) flächengleiche Dreiecke an.

Aufgabe 8.2.9: Beweisen Sie: Das Viereck mit den Diagonalenlängen e und f und dem Diagonalenwinkel φ hat den Flächeninhalt $A = \frac{1}{2}ef\sin\varphi$.

Aufgabe 8.2.10: Aus Fig. 8.2.2 lässt sich ablesen: (1) $c = a\cos\beta + b\cos\alpha$.
a) Überzeugen Sie sich, dass diese Formel auch für $\alpha > 90°$ und $\alpha = 90°$ gilt.
b) Durch zyklische Vertauschung in (1) erhält man
(2) $a = b\cos\gamma + c\cos\beta$ und   (3) $b = c\cos\alpha + a\cos\gamma$
(1), (2), (3) kann als lineares Gleichungssystem (LGS) für $\cos\alpha$, $\cos\beta$, $\cos\gamma$ bei gegebenen Seitenlängen a, b, c aufgefasst werden. Lösen Sie das LGS nach $\cos\gamma$ auf.

Aufgabe 8.2.11: Beweisen Sie: Hat ein Dreieck den Umkreisradius r, so gilt $\frac{\sin\alpha}{a} = \frac{1}{2r}$.

Diese Aussage heißt "erweiterter Sinussatz". Warum?
Hinweis: Vergleichen Sie ΔABC mit ΔA'BC, dessen Seite $\overline{A'B}$ der Umkreisdurchmesser von ΔABC ist.

Beispiel 8.2.2:
a) Von ΔABC sind a, b, γ gegeben. Man berechnet erst c und danach α oder β jeweils nach dem Kosinussatz. Der dritte Winkel ergibt sich aus dem Winkelsummensatz.
b) Von ΔABC sind c, α, β gegeben. Die fehlenden Stücke lassen sich in drei Schritten berechnen. In den Schritten (2) und (3) wird der Sinussatz angewendet.

$$(1)\ \gamma = 180° - \alpha - \beta,\quad (2)\ a = \frac{c\sin\alpha}{\sin\gamma},\quad (3)\ b = \frac{c\sin\beta}{\sin\gamma}.$$

c) Von ΔABC sind a, b mit a > b und α gegeben. Die Bildfolge in Fig. 8.2.4 zeigt, in welcher Reihenfolge die fehlenden Stücke berechnet werden können. Notieren Sie die zugehörigen Formeln. Die Ergebnisse für a = 7 cm; b = 5 cm; α = 73° sind β = 43,1°; γ = 63,9°; c = 7,3 cm.
Mit a), b) und c) sind die Berechnungsfälle SWS, WSW und SSW$_g$ gelöst.

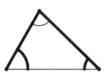

Fig. 8.2.4

Aufgabe 8.2.12: Berechnen Sie die fehlenden Stücke des Dreiecks mit
a) a = 9 cm; b = 7 cm; γ = 56°,   b) c = 7,5 cm; α = 37°; β = 64°,
c) a = 9 cm; b = 5 cm; α = 63°,   d) a = 7 cm; b = 12 cm; c = 8 cm,
e) b = 8 cm; c = 5 cm; β = 69°,   f) a = 8 cm; β = 110°, γ = 22°,
g) a = 10 cm; c = 7 cm; β = 40°,   h) b = 8 cm; β = 112°; γ = 41°.

Aufgabe 8.2.13:. Konstruieren und berechnen Sie die Dreiecke mit a = 5 cm; b = 7 cm; α = 40°.
Analysieren Sie, warum es hier zwei Lösungen, zu den Vorgaben b = 5 cm; a = 7 cm; α = 40° aber nur eine Lösung gibt.

8.3   Satz des PTOLEMAIOS

Ein Gelenkviereck ist ein Viereck mit gelenkig verbun-
denen Seiten. Fixiert man eine Seite, können sich die
anderen Eckpunkte auf Kreisbögen bewegen (Fig. 8.3.1).
Die Formenvielfalt kann durch Zusatzbedingungen ein-
geschränkt werden, etwa durch Vorgabe eines Winkels.
Interessanter ist die Forderung, das Viereck solle ein
Sehnenviereck sein. Dies läuft auf die Vorgabe der Ge-
genwinkelsumme 180° hinaus. Es wird sich zeigen, dass

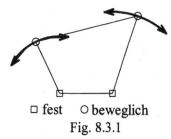

□ fest   ○ beweglich
Fig. 8.3.1

diese Zusatzbedingung immer erfüllbar und das Viereck dann eindeutig bestimmt ist.
Zunächst werden die Diagonalenlängen e und f durch die Seitenlängen ausgedrückt.
Die Winkelbedingung $\beta + \delta = 180°$ führt auf $\cos \delta = \cos (180° - \beta) = - \cos \beta$, also auf
(1) $\cos \beta + \cos \delta = 0$
Aus dem Kosinussatz erhält man (Fig. 8.3.2):

$$\cos \beta = \frac{a^2 + b^2 - e^2}{2ab}; \quad \cos \delta = \frac{c^2 + d^2 - e^2}{2cd}$$

Aus (1) folgt

$$\frac{a^2 + b^2 - e^2}{2ab} + \frac{c^2 + d^2 - e^2}{2cd} = 0 \text{ , also}$$

$$cd\left(a^2 + b^2 - e^2\right) + ab\left(c^2 + d^2 - e^2\right) = 0$$

Auflösen nach e^2 ergibt

$$e^2 = \frac{cd\left(a^2 + b^2\right) + ab\left(c^2 + d^2\right)}{ab + cd}$$

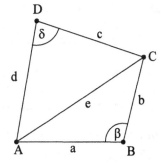

Fig. 8.3.2

Der Zähler lässt sich faktorisieren:

$$(2)\, e^2 = \frac{\left(ac + bd\right)\left(ad + bc\right)}{ab + cd}$$

Durch zyklische Vertauschung $a \rightarrow b \rightarrow c \rightarrow d \rightarrow a$ erhält man für die zweite, in Fig.
8.3.2 der Übersichtlichkeit halber nicht eingezeichnete Diagonale:

$$(3)\, f^2 = \frac{\left(bd + ca\right)\left(ba + cd\right)}{bc + da} = \frac{\left(ac + bd\right)\left(ab + cd\right)}{ad + bc}$$

Multiplikation von (2) und (3) führt nach Kürzen und Wurzelziehen zu einer recht über-
sichtlichen Formel. Diese hat der hellenistische Geograph, Astronom und Mathematiker
KLAUDIOS PTOLEMAIOS von Alexandria (85 – 165 n. Chr.) gefunden.

Satz 8.3.1: Ist ABCD ein Sehnenviereck mit den Seitenlängen a, b, c, d und den Diagonalenlängen e und f, so gilt ef = ac + bd.

Bemerkung: In den Aufgaben 8.3.10 und 8.3.11 wird erarbeitet, dass der Satz umkehrbar
ist. Damit lässt sich von der Formel des Satzes auf die scheinbar gehaltvolleren Formeln
(2) und (3) zurück schließen, was rein algebraisch nicht möglich ist.

Beispiel 8.3.1: Ein Sehnenviereck hat (in beliebiger Längeneinheit) die folgenden Seitenlängen: a = 195; b = 260; c = 165; d = 280.
Wir berechnen e nach (2) und danach f mit der Formel des Satzes.
ab + cd = 96900; ac + bd = 104975; ad + bc = 97500;

$$e = \sqrt{\frac{104975 \cdot 97500}{96900}} = 325 \; ; \; f = \frac{ac + bd}{e} = 323$$

Nur wegen der günstigen Angaben fallen e und f natürlichzahlig aus!

Aufgabe 8.3.1: Berechnen Sie die Diagonalenlängen e und f des Sehnenvierecks mit
a) a = 8 cm; b = 10 cm; c = 6 cm; d = 15 cm,
b) a = 33 cm; b = 56 cm; c = 16 cm; d = 63 cm.

Aufgabe 8.3.2: Für ein Sehnenviereck gilt in einer beliebigen Einheit
a = 99; b = 19; c = 11; e = 91. Berechnen Sie d und f.

Aufgabe 8.3.3: Das konvexe Viereck ABCD hat mit den üblichen Bezeichnungen die
Seitenlängen a = 4 cm; b = 4 cm; c = 8 cm; d = 6 cm und die Diagonalenlänge e = 7 cm.
Beweisen Sie, dass das Viereck ein Sehnenviereck ist. Berechnen Sie auch die Länge der
zweiten Diagonalen.
Hinweis: Kosinussatz! Mit dem Taschenrechner berechnete Winkelwerte haben, falls sie
nicht ausnahmsweise abbrechende Dezimalbrüche sind, wegen der unvermeidlichen Abbruchfehler zwar Informationswert, aber keine Beweiskraft.

Aufgabe 8.3.4: Für ein gleichschenkliges Trapez mit $\overline{AB} \parallel \overline{CD}$ gilt a = 40 cm; b = 33 cm;
e = 37 cm. Berechnen Sie die Seitenlänge c.

Aufgabe 8.3.5: Drücken Sie die Diagonalenlängen des gleichschenkligen Trapezes mit
$\overline{AB} \parallel \overline{CD}$ durch die Seitenlängen aus.

Aufgabe 8.3.6: Beweisen Sie: Sind die Diagonalen eines
Sehnenvierecks gleich lang, so ist das Viereck ein gleichschenkliges Trapez.
Hinweis: Die Behauptung lässt sich auch ohne die in diesem Abschnitt hergeleiteten Beziehungen beweisen.
Fig. 8.3.3 gibt dazu einen Hinweis.

Aufgabe 8.3.7: Beweisen Sie: Erfüllt ein konvexes Viereck
die Formel (2), so ist es ein Sehnenviereck.

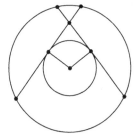

Fig. 8.3.3

Aufgabe 8.3.8: Welche Beweisschritte sind auszuführen,
um zu beweisen, dass sich ein Gelenkviereck immer in die Form eines Sehnenvierecks
bringen lässt? Die eigentliche Ausführung wird nicht erwartet.

Aufgabe 8.3.9: a) Ein Sehnenviereck hat die Seitenlängen a, b, c, d, wobei die Reihenfolge der Seiten nicht festgelegt ist. Wie viele verschiedene Sehnenvierecke mit diesen
Seitenlängen gibt es? Geben sie alle Diagonalenlängen allgemein an.
Hinweis: Aufgabe 5.3.4 und Fig. 5.3.4
b) Berechnen Sie für a = 195; b = 91; c = 300; d = 280 die drei Diagonalenlängen e, f, g.

Aufgabe 8.3.10: Fig. 8.3.4 zeigt einen Beweis des Satzes von PTOLEMAIOS mit Hilfe des Umfangswinkelsatzes und der Ähnlichkeit von Dreiecken. Gleiche Winkel sind gleich markiert.

An $\overline{CD}$ wird ein zu $\angle ADB$ gleicher Winkel angetragen. Sein freier Schenkel schneidet $\overline{AC}$ in E.

Weitere Beweisschritte sind:

1) Ähnlichkeit von $\triangle CDE$ und $\triangle BDA$,
2) Ähnlichkeit von $\triangle CDB$ und $\triangle EDA$,
3) $e_2 \cdot f = ac$,
4) $e_1 \cdot f = bd$.

Führen Sie den Beweis sorgfältig aus. Achten Sie auch auf die Möglichkeit, dass $\angle ADB$ nicht kleiner sein muss als $\angle BDC$.

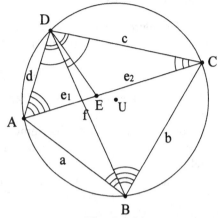

Fig. 8.3.4

Aufgabe 8.3.11: Die folgende Überlegung führt zu einer Verschärfung des Satzes von PTOLEMAIOS: Das Viereck muss nun kein Sehnenviereck mehr sein.

In Fig. 8.3.5 ist über der Seite $\overline{CD}$ das zu Dreieck BDA ähnliche Dreieck CDE errichtet. Im Allgemeinen fällt, anders als in Fig. 8.3.4, sein Eckpunkt E nicht auf die Diagonale $\overline{AC}$. Für weitere Beweisschritte siehe Aufgabe 8.3.10.

a) Beweisen Sie: Liegt E nicht auf der Diagonalen $\overline{AC}$, so gilt $ef < ac + bd$.

b) Beweisen Sie: Liegt E auf der Diagonalen, so ist das Viereck ein Sehnenviereck.

c) Fassen Sie Satz 8.3.1 und die Aussagen in a) und b) zum "verschärften Satz des PTOLEMAOIS" zusammen.

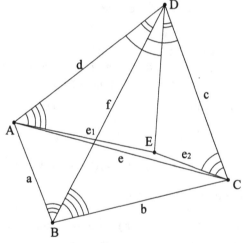

Fig. 8.3.5

Aufgabe 8.3.12: Beurteilen Sie die folgende Behauptung:
"Gebe ich für ein Viereck a = 6 cm; b = 12 cm; c = 5 cm; d = 11 cm; e = 13,5 cm; f = 12 cm vor, so gilt $ef = ac + bd$ und das Viereck ist ein Sehnenviereck".

Aufgabe 8.3.13: Beurteilen Sie die folgenden Vorgaben für ein konvexes Viereck.
a) a = 8636; b = 32004; c = 38836; d = 35040; e = 37084,
b) a = 10; b = 12; c = 17; d = 13; e = 18,
c) a = 5; b = 9; c = 7; e = 11; f = 13,
d) a = 8; b = 12; c = 9; d = 11; f = 22.

8.4   Satz des HERON

Ist ein Dreieck durch zwei Seiten und den Zwischenwinkel (beispielsweise b, c und α) gegeben, lässt sich der Flächeninhalt durch die Formel

$A = \dfrac{1}{2}bc\sin\alpha$ angeben (Fig. 8.4.1; vgl. Aufgabe 8.2.7).

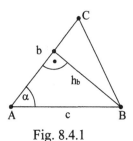

Fig. 8.4.1

Wünschenswert ist eine Formel, in der der Flächeninhalt durch die drei Seitenlängen ausgedrückt wird. Sie lässt sich aus der obigen herleiten: Der Zusammenhang zwischen einem Winkel und drei Seiten wird durch den Kosinussatz hergestellt. Um dann vom Kosinus zum Sinus überzugehen, verwendet man die Beziehung $\sin^2\alpha + \cos^2\alpha = 1$. Zweckmäßig wird nicht der Ausdruck für A, sondern der Ausdruck für $16A^2$ umgeformt.

$$16A^2 = 4b^2c^2\sin^2\alpha$$
$$= 4b^2c^2(1-\cos^2\alpha)$$
$$= 4b^2c^2 - 4b^2c^2\cos^2\alpha$$
$$= 4b^2c^2 - (b^2+c^2-a^2)^2$$

Damit ist das Ziel vorläufig erreicht. Durch Anwenden der binomischen Formeln lässt sich aber eine bessere Form herstellen, in der auch deutlich wird, dass Vertauschungen der Seitenlängen den Wert nicht ändern.

$$16A^2 = \left(2bc+\left(b^2+c^2-a^2\right)\right)\left(2bc-\left(b^2+c^2-a^2\right)\right)$$
$$= \left(\left(b+c\right)^2-a^2\right)\left(a^2-\left(b-c\right)^2\right)$$
$$= \left(b+c+a\right)\left(b+c-a\right)\left(a+b-c\right)\left(a-b+c\right)$$

Führt man den halben Umfang $s = \dfrac{1}{2}\left(a+b+c\right)$ ein, ergibt sich

$$16A^2 = 2s(a+b+c-2a)(a+b+c-2b)(a+b+c-2c)$$
$$= 2s(2s-2a)(2s-2b)(2s-2c)$$
$$A^2 = s(s-a)(s-b)(s-c)$$

Satz 8.4.1 (Formel von HERON): Der Flächeninhalt eines Dreiecks mit den Seitenlängen a, b, c und dem halben Umfang s ergibt sich aus $A = \sqrt{s(s-a)(s-b)(s-c)}$.

HERON von Alexandria (um 60 n. Chr.) war Mathematiker und Ingenieur.

Beispiel 8.4.1: Ein Dreieck mit a = 12, b = 17, c = 25 hat den halben Umfang s = 27 und den Flächeninhalt $A = \sqrt{27\cdot 15\cdot 10\cdot 2} = \sqrt{8100} = 90$.

Das behandelte Dreieck hat natürlichzahlige Seitenlängen und natürlichzahligen Flächeninhalt. Solche Dreiecke heißen **heronisch**.

Aufgabe 8.4.1: Berechnen Sie den Flächeninhalt des Dreiecks.
a) a = 9 cm; b = 7 cm; c = 10 cm,   b) a = 11 cm; b = 9 cm; c = 8 cm.

Aufgabe 8.4.2: Berechnen Sie den Flächeninhalt des Dreiecks.
a) a = 5 cm; b = 9 cm; γ = 40°,   b) b = 6 cm; c = 7 cm; α = 130°.

Aufgabe 8.4.3: Berechnen Sie den Flächeninhalt des heronischen Dreiecks.
a) a = 11 cm; b = 13 cm; c = 20 cm,   b) a = 5 cm; b = 29 cm; c = 30 cm.

Aufgabe 8.4.4: Spezialisieren Sie Formel von HERON auf das gleichseitige Dreieck.

Aufgabe 8.4.5: Die Seitenlängen eines Dreiecks lassen sich durch aufeinanderfolgende natürliche Zahlen ausdrücken. Sein Flächeninhalt beträgt 84 (Flächeneinheiten). Wie lang sind die Seiten? (LUCA PACIOLI, italienischer Mathematiker, 1445 – 1514)

Aufgabe 8.4.6: Ein Parallelogramm heißt heronisch, wenn die Längen der Seiten und der der Diagonalen sowie der Flächeninhalt natürlichzahlig sind. Zeigen Sie, dass das Parallelogramm mit a = 50 cm, d = 41 cm und f = | BD | = 21 cm von diesem Typ ist.
Nur Ergebnisse ohne Rundung sind als Nachweis stichhaltig!

Aufgabe 8.4.7: a) Beweisen Sie: Jedes Dreieck mit
a = pq(r^2 + s^2), b = rs(p^2 + q^2), c = (ps + qr)(pr – qs),
wobei p, q, r, s natürliche Zahlen sind und pr > qs gilt, ist heronisch.
b) Geben Sie einige heronische Dreiecke an.
c) Wählt man in obigen Formeln r = 1 und s = 1, entstehen besondere heronische Dreiecke, nämlich rechtwinklige Dreiecke mit natürlichzahligen Seitenlängen. Diese heißen **pythagoreisch**. Bestätigen Sie die Rechtwinkligkeit und geben Sie den Flächeninhalt an. Geben Sie einige pythagoreische Dreiecke an.
Bemerkung: Die Herleitung der Formeln für a, b und c wäre hier zu aufwendig.

Aufgabe 8.4.8: Der Flächeninhalt des Dreiecks lässt sich durch A = sρ mit dem halben Umfang s und dem Inkreisradius ρ ausdrücken.
a) Berechnen Sie den Inkreisradius des Dreiecks mit a = 7 cm; b = 15 cm; c = 20 cm.
b) Bestätigen Sie die Formel A = sρ (vgl. Aufgabe 3.2.7) und geben sie eine Formel an, in der ρ durch a, b und c ausgedrückt wird. Berechnen Sie ρ für ein selbst gewähltes Dreieck und prüfen Sie das Ergebnis durch eine Konstruktion, am besten mit einem DGS.

Aufgabe 8.4.9: a) Leiten Sie eine Formel her, in der der Umkreisradius durch die Seitenlängen ausgedrückt wird. Die Formel soll gegen Vertauschungen von a, b, c unempfindlich sein.
Hinweis: Beginnen Sie mit dem erweiterten Sinussatz aus Aufgabe 8.2.11 und benutzen Sie den Kosinussatz wie in der Herleitung der Formel von HERON.
b) Berechnen Sie den Umkreisradius der Dreiecks mit a = 7 cm; b = 6 cm; c = 10 cm und prüfen Sie das Ergebnis durch eine Konstruktion.

8.5   Satz des BRAHMAGUPTA

Fig. 8.5.1 zeigt drei Sehnenvierecke, deren Seiten sich nur
in der Reihenfolge unterscheiden. Man kommt vom ersten
zum zweiten und von da zum
dritten Viereck, indem man je
ein Teildreieck spiegelt. Der
Flächeninhalt bleibt dabei erhalten. Es muss also eine For-

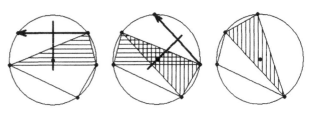

Fig. 8.5.1

mel für den Flächeninhalt geben, die nur die Seitenlängen enthält und gegen Vertauschungen der Seitenlängen unempfindlich ist. Eine solche hat der indische Mathematiker
und Astronom BRAHMAGUPTA (598 – 668) gefunden.

Satz 8.5.1: Der Flächeninhalt des Sehnenvierecks mit den Seitenlängen a, b, c, d und
dem halben Umfang s ist gegeben durch $A = \sqrt{(s-a)(s-b)(s-c)(s-d)}$.

Beweis: Für jedes Viereck mit den Diagonalenlängen e, f und dem Diagonalenwinkel φ

gilt $A = \dfrac{1}{2} ef \sin \varphi$ (Fig. 8.5.2; Aufgabe 8.2.9). Zweckmäßig geht man zu $16A^2$ über.

$16A^2 = 4e^2f^2 \sin^2 \varphi = 4e^2f^2(1 - \cos^2 \varphi)$

(*) $16A^2 = 4(ac+bd)^2 - 4e^2f^2 \cos^2 \varphi$

In der Umformung zu (*) wurde der Satz von PTOLEMAIOS benutzt. Nun wird
$e^2f^2\cos^2\varphi$ durch a, b, c, d ausgedrückt (Fig. 8.5.2).

$a^2 = e_1^2 + f_1^2 - 2e_1f_1 \cos \varphi$

$b^2 = f_1^2 + e_2^2 + 2f_1e_2 \cos \varphi$

$c^2 = e_2^2 + f_2^2 - 2e_2f_2 \cos \varphi$

$d^2 = f_2^2 + e_1^2 + 2f_2e_1 \cos \varphi$

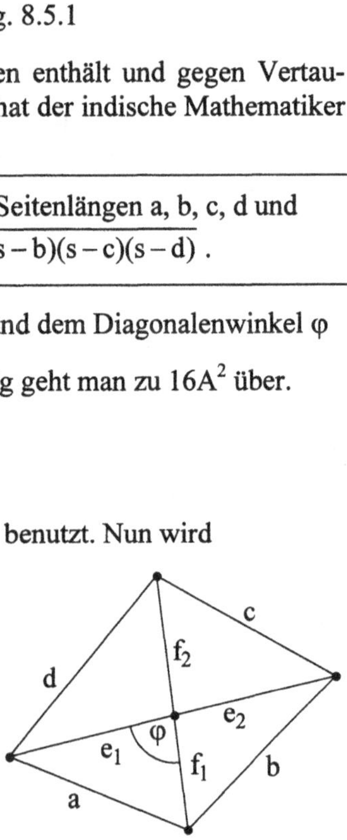

Daraus folgt (für jedes Viereck!)
$-a^2 + b^2 - c^2 + d^2 = 2(e_1 + e_2)(f_1 + f_2)\cos \varphi = 2ef \cos \varphi$
Einsetzen in (*) gibt
$16A^2 = 4(ac+bd)^2 - (-a^2 + b^2 - c^2 + d^2)^2$

$\qquad = \left(2(ac+bd) + (-a^2 + b^2 - c^2 + d^2)\right)\left(2(ac+bd) - (-a^2 + b^2 - c^2 + d^2)\right)$

$\qquad = \left(-(a-c)^2 + (b+d)^2\right)\left((a+c)^2 - (b-d)^2\right)$

$\qquad = (a-c+b+d)(-a+c+b+d)(a+c+b-d)(a+c-b+d)$

$\qquad = (2s-2c)(2s-2a)(2s-2d)(2s-2b)$

$16A^2 = 16(s-a)(s-b)(s-c)(s-d)$

Fig. 8.5.2

Kürzen und Wurzelziehen führt zu der Formel, die zu zeigen war.

Beispiel 8.5.1: Wir berechnen den Flächeninhalt des Sehnenvierecks mit
$a = 195$; $b = 91$; $c = 300$; $d = 280$:
$s = 433$; $s - a = 238$; $s - b = 342$; $s - c = 133$; $s - d = 153$;
$A = \sqrt{238 \cdot 342 \cdot 133 \cdot 153} = 40698$
Rechnung mit Sicherung der Ganzzahligkeit:

$A = \sqrt{(2 \cdot 7 \cdot 17) \cdot (2 \cdot 3^2 \cdot 19) \cdot (7 \cdot 19) \cdot (3^2 \cdot 17)} = 2 \cdot 3^2 \cdot 7 \cdot 17 \cdot 19 = 40698$

Man kann das Sehnenviereck heronisch nennen. Auch die Sehnenvierecke in Aufgabe 8.5.1 sind heronisch. Natürliche Zahlen (auch große) sind angenehmer als irrationale.

Aufgabe 8.5.1: Berechnen Sie den Flächeninhalt des Sehnenvierecks.
a) $a = 7$; $b = 15$; $c = 20$; $d = 24$,   b) $a = 388$; $b = 476$; $c = 93$, $d = 291$,
c) $a = 13$; $b = 4$; $c = 13$; $d = 14$,   d) $a = 1480$; $b = 481$; $c = 2975$; $d = 2992$.
Berechnen Sie auch die Diagonalenlängen e und f sowie die Länge g der "dritten Diagonale" (Aufgabe 8.3.9; die dort mit e_2 bezeichnete Länge ist die hier gefragte Länge g).

Aufgabe 8.5.2: Spezialisieren Sie die Formel von BRAHMAGUPTA auf das Rechteck.

Aufgabe 8.5.3: Für ein Trapez gelte $\overline{AB} \parallel \overline{CD}$, $a = 2c$, $b = c$ und $d = c$.

a) Welche Vierecke entstehen aus dem Trapez durch die Spiegelungen aus Fig. 8.5.1?
b) Geben Sie den Flächeninhalt in Abhängigkeit von der Seitenlänge c an.

Aufgabe 8.5.4: Im Beweis des Satzes von BRAHMAGUPTA wurde im Umformungsschritt zur Zeile (*) der Satz des PTOLEMAIOS verwendet. Formulieren und beweisen Sie mit Hilfe des verschärften Satzes von PTOLEMAIOS (Aufgabe 8.3.11) den "verschärften Satz von BRAHMAGUPTA ".

Aufgabe 8.5.5: a) Ist das Viereck mit $a = 203$; $b = 137$; $c = 59$; $d = 161$ und $A = 17016$ ein Sehnenviereck?
b) Was sagen Sie zum Viereck mit $a = 10$; $b = 12$; $c = 7$; $d = 17$ und $A = 118$?

Aufgabe 8.5.6: Zu einem gegebenen Sehnenviereck V mit den Seitenlängen a, b, c, d und dem halben Umfang s wird das "Schwesterviereck" V* definiert: V* ist das Sehnenviereck mit den Seitenlängen $a* = s - a$; $b* = s - b$; $c* = s - c$; $d* = s - d$.

a) Es sei $a = 39$; $b = 25$; $c = 52$; $d = 60$. Geben Sie die Seitenlängen a*, b*, c* d* von V* an. Wie groß ist s*? Vergleichen Sie e*, f*, g* mit e, f, g. (Erklärung von g siehe Aufgabe 8.5.1)

b) Konstruieren Sie die Sehnenvierecke V und V* aus a) mit Hilfe von e und e*. Mit einem DGS ist Genauigkeit im mm-Bereich gut zu erreichen.

c) Könnten a, b, c, d so beschaffen sein, dass zwar V existiert, aber V* nicht?

d) Berechnen Sie den halben Umfang s* allgemein.

e) In a) haben Sie eine sehr einfache Beziehung zwischen den Diagonalen von V und V* gefunden. Gilt diese auch allgemein?

f) Das Sehnenviereck V hat die Seitenlängen $a = 1015$; $b = 348$; $c = 777$; $d = 740$. Berechnen Sie die Diagonalen e, f, g, e*, f*, g* und die Flächeninhalte A und A*.

9 Lösungen

Aufgaben aus Kapitel 2

Aufgabe 2.1.1: a), b) $\binom{n}{2}$

Aufgabe 2.1.2: Die Gerade g_i geht durch $(i \mid 0)$ und $(0 \mid -i^2)$.
Je zwei Geraden schneiden sich in $S_{ij}(i+j \mid ij)$.
Es wird gezeigt: Falls S_{ij} auf g_k liegt, gilt $k = i$ oder $k = j$, also $g_k = g_i$ oder $g_k = g_j$.
In die Gleichung für g_k: $y = k(x - k)$ wird $x = i + j$; $y = ij$ eingesetzt: $ij = k(i + j - k)$
Es folgt
$0 = ij - k(i + j - k) = ij - k(i + j) + k^2 = (i - k)(j - k)$.
Das gibt wie behauptet $k = i$ oder $k = j$.

Aufgabe 2.1.3: Zwei Richtungen: Jede Gerade der einen Richtung schneidet jede Gerade der anderen Richtung, aber nicht die Geraden in gleicher Richtung. Man zerlegt die gegebene Anzahl der Geraden in zwei Summanden (dies ergibt die Verteilung auf die zwei Richtungen) und bildet deren Produkt.
Für 12 Geraden: $n(12 - n)$ Schnittpunkte, wobei $n = 0, 1, 2, \ldots 6$; mögliche Anzahlen sind 0, 11, 20, 27, 32, 35, 36

Anz. Geraden	2	3	4	5	6	7	8	9	10	11	12
Anzahl Schnittpunkte	0; 1	0; 2	0; 3; 4	0; 4; 6	0; 1; 8; 9	0; 6; 10; 12	0; 7; 12; 15; 16	0; 8; 14; 18; 20	0; 9; 16; 21; 26; 25	0; 10; 18; 24; 28; 30	0; 11; 20; 27; 32; 35; 36

Drei Richtungen: Man zerlegt die Anzahl in drei Summanden a, b, c und berechnet $ab + bc + ca$. Die Anzahl der Fälle wird überschaubar, wenn man $a \geq b \geq c$ voraussetzt, was o. B. d. A. zulässig ist. Die folgende Tabelle gilt für die Geradenanzahl 12.

a	12	11	10	10	9	9	8	8	8	7	7	7	...
b	0	1	2	1	3	2	4	3	2	5	4	3	...
c	0	0	0	1	0	1	0	1	2	0	1	2	...
Anz. Schnittpunkte	0	11	20	21	27	29	32	35	36	35	39	41	...

	...	6	6	6	6	5	5	4
	...	6	5	4	3	5	4	4
	...	0	1	2	3	2	3	4
	...	36	41	44	45	45	47	48

Aufgabe 2.1.4: Auf einer "normalen" Geraden liegt genau einer von drei Punkten zwischen den beiden anderen. Liegen die drei Punkte A, B, C in dieser Reihenfolge auf

einem Kreis, so kommt man von A über B nach C, von B über C nach A und von C über A nach B. Also liegt jeder der drei Punkte "zwischen" den zwei anderen. Dies widerspricht einer sinnvollen Deutung des Begriffs "zwischen".

Aufgabe 2.1.5: In der Tabelle steht "w" für den Fall, dass der in der Kopfzeile genannte Punkt auf der in der Kopfzeile genannten Geraden liegt; "f" steht im gegenteiligen Fall.

	6	10	14	15	21	35
2	w	w	w	f	f	f
3	w	f	f	w	w	f
5	f	w	f	w	f	w
7	f	f	w	f	w	w

Durch je zwei Punkte geht genau eine Gerade; beispielsweise geht die Gerade 6 durch die Punkte 2 und 3.
Auf jeder Gerade liegen genau (also auch mindestens) zwei Punkte, beispielsweise auf der Geraden 6 die Punkte 2 und 3.
Die drei Punkte 2, 3 und 5 liegen nicht auf derselben Geraden.
Die Beziehungen (1), (2) und (3) sind erfüllt.
Beispiel für nicht parallele Geraden: 14 und 21 gehen durch 7.
Die Paare von Produkten ohne gemeinsamen Teiler, wobei nur die Teiler 2, 3, 5, 7 zur Auswahl stehen, sind 6 und 35; 10 und 21, 14 und 15. Es gilt also 6∥35; 10∥21; 14∥15.
Weitere Parallelitäten gibt es nicht.
Zur Prüfung, ob das Parallelenaxiom erfüllt ist, betrachten wir die Gerade 6: Die nicht auf ihr liegenden Punkte sind 5 und 7. Die einzige Parallele zur Geraden 6 durch den Punkt 5 ist die Gerade 35, und die einzige Parallele zu 6 durch 7 ist ("zufälligerweise" ebenfalls) die Gerade 35. Entsprechend ist die Situation für alle Geraden. Das Parallelenaxiom ist also erfüllt.
Die Interpretation der Begriffe "Punkt" durch die Zahlen 2, 3, 5, 7, "Gerade" durch deren Produkte zu je zweien und "liegt auf" durch die Teilbarkeit hat also die Eigenschaften (1), (2), (3) und erfüllt das Parallelenaxiom. Man nennt diese Interpretation daher ein Modell für die durch diese vier Eigenschaften gekennzeichnete "rudimentäre" Geometrie.

Aufgabe 2.1.6: Wie in Aufgabe 2.1.5 sind die Eigenschaften (1), (2) und (3) erfüllt.
Jede Gerade ist parallel zu genau drei anderen Geraden, beispielsweise 6 zu 35, 55, 77.
Die beiden parallelen Geraden 35 und 55 gehen durch den nicht auf der Geraden 6 liegenden Punkt 5. Das Parallelenaxiom ist also nicht erfüllt.

	6	10	14	15	21	22	33	35	55	77
2	w	w	w	f	f	w	f	f	f	f
3	w	f	f	w	w	f	w	f	f	f
5	f	w	f	w	f	f	f	w	w	f
7	f	f	w	f	w	f	f	w	f	w
11	f	f	f	f	f	w	w	f	w	w

Aufgabe 2.1.7: (1), (2), (3) sind erfüllt. Das Parallelenaxiom ist nicht erfüllt. Das sieht man an Fig. 2.1.3: Durch den Punkt P gehen zwei Geraden h und i, die die Gerade g nicht schneiden, also zu ihr parallel sind.

Aufgabe 2.2.1: n Punkte ergeben $\binom{n}{2}$ Punktepaare, also ebenso viele Strecken. Dazu kommen 2n Halbgeraden, nämlich zwei je Punkt.

Aufgabe 2.2.2: Auf jeder der Geraden g_i liegen n Schnittpunkte mit den Geraden h_j, und dazu der Punkt A. Diese n + 1 Punkte zerlegen g_i in n − 1 Strecken und 2 Halbgeraden. Die m Geraden g_1, g_2, ... g_m werden damit in m(n − 1) Strecken und 2m Halbgeraden zerlegt.
Entsprechend werden die n Geraden h_1, h_2, ... h_n in n(m − 1) Strecken und 2n Halbgeraden zerlegt.
Insgesamt entstehen 2mn + m + n Strecken und Halbgeraden.

Aufgabe 2.2.3: Die Geraden g_1, g_2, ... g_m zerlegen die Ebene in 2m Gebiete.
Die Gerade h_1 schneidet jede der Geraden g_1, g_2, ... g_m und wird dabei in m − 1 Strecken und 2 Halbgeraden zerlegt. Jeder dieser m + 1 Abschnitte zerlegt ein vorhandenes Gebiet in zwei Gebiete, so dass m + 1 Gebiete hinzukommen. Der Punkt B spielt hier noch keine Rolle. Also gilt
$a_{m,1} = 2m + m + 1 = 3m + 1$
Auf h_2 liegen die m Schnittpunkte mit den Geraden g_1, g_2, ... g_m und der Punkt B. Also wird h_2 in m + 2 Teile zerlegt, und jeder dieser Teile zerlegt ein vorhandenes Gebiet in zwei Gebiete. Also gilt
$a_{m,2} = a_{m,1} + m + 2 = 4m + 3$
Analog:
$a_{m,3} = a_{m,2} + m + 2 = a_{m,1} + 2(m + 2) = 5m + 5$
...
$a_{m,n} = a_{m,n-1} + m + 2 = a_{m,1} + (n − 1)(m + 2) = 3m + 1 + mn − m + 2n − 2$
     $= mn + 2m + 2n − 1$
Die Formel
$a_{m,n} = mn + 2m + 2n − 1$
gilt für m ≥ 1 und n ≥ 1, nicht aber für n = 0.
Denkt man sich um die Konfiguration einen ausreichend großen, alle Schnittpunkte enthaltenden Kreis gelegt, so treten aus diesem 2m + 2n Halbgeraden heraus. Diese erzeugen 2m + 2n ins Unendliche reichende Gebiete, und das ist auch die Anzahl solcher Gebiete, die von den zwei "Geradenbüscheln" erzeugt werden. Die verbleibenden
$a_{m,n} − (2m + 2n) = mn − 1$ Gebiete sind geschlossen.

Aufgabe 2.2.4: a) 2; 4; 5; 7; 8; 9; ...
Da 7 = 2 + 5 und 8 = 2 + 2 + 2 konstruierbar sind, lassen sich durch fortgesetztes Anlegen von Strecken der Länge 2 ab n = 7 alle natürlichzahligen Streckenlängen konstruieren.
b) Algebraisch gesprochen sind die positiven Werte der Linearkombinationen 5x + 13y mit x, y $\in \mathbb{N}_0$ gesucht, und hier insbesondere derjenige Wert n, ab dem alle natürlichen

Zahlen m als Werte vorkommen.

Die Wertefolge beginnt mit einem langen "lückigen" Abschnitt:

5; 10; 13; 15; 18; 20; 23; 25; 26; 28; 30; 31; 33; 35; 36; 38; 39; 40; 41; 43; 44; 46

Dann folgen ohne Lücke die fünf Werte

$48 = 5 \cdot 7 + 13 \cdot 1; 49 = 5 \cdot 2 + 13 \cdot 3; 50 = 5 \cdot 10; 51 = 5 \cdot 5 + 13 \cdot 2; 52 = 13 \cdot 4$.

Durch Anfügen von Strecken der Länge 5 erhält man sämtliche natürlichzahligen Längen. Es gilt also $n = 48$.

Aufgabe 2.2.5: a) $e_2 - 2e_1 = 1$; also sind alle natürlichzahligen Längen konstruierbar.

b) Nur geradzahlige Längen sind konstruierbar, und zwar alle ab 2 wegen $2 = -5e_1 + 4e_2$.

Aufgabe 2.2.6: Einen zusätzlichen Punkt kann man

(1) in das Außengebiet der Figur so nahe an eine Strecke legen, dass nur zwei zusätzliche Verbindungsstrecken entstehen oder

(2) ins Innere eines Dreiecks legen, so dass drei zusätzliche Verbindungsstrecken entstehen

Die möglichen Anzahlen von Strecken sind

$n = 4$: 5; 6

$n = 5$: 7; 8; 9

$n = 6$: 9; 10; 11; 12

$n = 7$: 11; 12; 13; 14; 15

Die Figur zeigt je eine Konfiguration für jede der möglichen Anzahlen mit $n = 7$. Diese Konfigurationen sind aber keineswegs die einzig möglichen!

Die Anzahl schnittpunktfreier Verbindungsstrecken von n Punkten sei mit a_n, die maximale mit b_n bezeichnet. Verfährt man immer nach Schritt (1), gilt

$a_3 = 3; a_4 = 3 + 2; a_5 = 3 + 2 \cdot 2; a_6 = 3 + 3 \cdot 2$, allgemein

$a_n = 3 + (n - 3) \cdot 2 = 2n - 3$.

Offenbar ist es nicht möglich, weniger neue Strecken entstehen zu lassen.

Verfährt man immer nach Schritt (2), so kommen je Punkt drei Strecken hinzu. Das gibt die Anzahlen

$c_3 = 3; c_4 = 3 + 3; c_5 = 3 + 2 \cdot 3; c_6 = 3 + 3 \cdot 3$, allgemein

$c_n = 3 + (n - 3) \cdot 3 = 3n - 6$

Es ist aber keineswegs sicher, dass die Zahlen c_n die maximalen sind. Es gibt nämlich Konfigurationen, bei denen das Hinzufügen eines Punkts mehr als drei zusätzliche Strecken ergeben kann. Man müsste zeigen, dass solche Konfigurationen weniger als c_n Strecken haben und dass die Anzahl nach Hinzufügen eines Punkts nicht über c_{n+1} hinausgeht.

Mit Überlegungen, die hier nicht vorgeführt werden können, lässt sich zeigen, dass die Zahlen c_n maximal sind. Es gilt also $b_n = 3n - 6$.

Alle Anzahlen von Strecken von a_n bis b_n sind möglich. Das zeigt man durch vollständige Induktion:

Der Anfang $n = 3$ ist trivial.

Als Induktionsvoraussetzung sei angenommen, es gebe für alle s mit $a_n \leq s \leq b_n$ Konfigurationen von n Punkten und s Strecken.

Man kann einen weiteren Punkt gemäß Schritt (1) bzw. gemäß Schritt (2) hinzufügen und erhält dann zwei bzw. drei zusätzliche Strecken. Damit entsteht eine Konfiguration mit $n + 1$ Punkten und $s + 2$ bzw. $s + 3$ Strecken. Da s alle Werte von a_n bis b_n durchläuft, durchläuft $s + 2$ die Werte von $a_n + 2 = a_{n+1}$ bis $b_n + 2 = b_{n+1} - 1$, und $s + 3$ durchläuft die Werte von $a_n + 3 = a_{n+1} + 1$ bis $b_n + 3 = b_{n+1}$. Damit werden alle Werte von a_{n+1} bis b_{n+1} erreicht.

Fig. 2.2.5 und die obige Figur zeigen noch einen weiteren Zusammenhang: Die Anzahl der außen liegenden Strecken sinkt von links nach rechts jeweils um 1, die Anzahl der innen liegenden Strecken steigt jeweils um 2, die Gesamtzahl also jeweils um 1. Die Anzahl der Strecken ist also dann am kleinsten bzw. am größten, wenn möglichst viele Strecken außen bzw. innen liegen. Diese Feststellungen gründen allerdings nur auf Anschauung.

Aufgabe 2.3.1: a) $5\alpha = 360°$; $\alpha = 72°$; $2\alpha = 144°$; $3\alpha = 216°$; die Winkel liegen in den gewünschten Bereichen.

b) $10\alpha = 360°$; $\alpha = 36°$; $3\alpha = 108°$; $6\alpha = 216°$; keine Lösung, da 3α nicht stumpf.

Aufgabe 2.3.2: γ sei das Maß des zu zerlegenden Winkels, α und β seien die Maße der Teilwinkel.

a) Stets gilt $\alpha + \beta < 180°$, also niemals möglich.

b) Stets möglich, beispielsweise mit $\alpha = \beta = \dfrac{\gamma}{2}$.

c) Wegen $\alpha + \beta < 90° + 180°$ nur dann möglich, falls $\gamma < 270°$, beispielsweise mit

$$\alpha = \frac{1}{2}(\gamma - 180°), \quad \beta = \frac{1}{2}(\gamma + 180°).$$

d) Immer möglich, beispielsweise mit $\alpha = \dfrac{1}{2}(\gamma - 180°)$, $\beta = \dfrac{1}{2}(\gamma + 180°)$.

e) Wegen $\alpha + \beta > 90° + 180°$ nur dann möglich, falls $\gamma > 270°$, beispielsweise mit

$$\alpha = \frac{1}{2}(\gamma - 90°), \quad \beta = \frac{1}{2}(\gamma + 90°).$$

Aufgabe 2.3.3: Setzt man $\delta = \beta - \alpha$, gilt $\gamma - \beta = \delta$, also $\beta = \alpha + \delta$, $\gamma = \beta + \delta = \alpha + 2\delta$ und damit $\alpha + \beta + \gamma = 3(\alpha + \delta) = 360°$ und $\alpha + \delta = 120°$, also $\beta = 120°$.

Die Bedingung $\gamma = \alpha + 2\delta = 120° + \delta > 180°$ ist genau dann erfüllt, wenn $\delta > 60°$ gilt. Das ergibt $\alpha < 60°$.

Es gibt also beliebig viele Lösungen, beispielsweise $\alpha = 50°$; $\beta = 120°$; $\gamma = 190°$.

Aufgabe 2.3.4: Die Halbebene ABC^+ erzeugt in A einen gestreckten Winkel. Da die Schnittmenge $W = ABC^+ \cap ACB^+$ wegen der allgemeinen Lage der Punkte eine echte Teilmenge von ABC^+ ist, ist der Winkel von W in A ein Teilwinkel des gestreckten Winkels, hat also ein Maß kleiner als $180°$.
Entsprechend hat $E \setminus W$ in A einen Winkel, der den gestreckten Winkel zum Teilwinkel hat, hat also ein Maß größer als $180°$.

Aufgabe 2.3.5: Das überstumpfe Winkelfeld ist in der Form $ABC^- \cap CAB^-$ darstellbar.

Aufgabe 2.3.6:

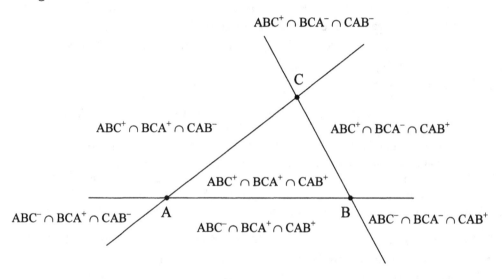

Es gibt formal 8 Möglichkeiten für die Schnittmengen. Sieben davon kommen vor, eine, nämlich $ABC^- \cap BCA^- \cap CAB^-$, ist leer.

Aufgabe 2.4.1: $\alpha_3 + \beta_3 = \gamma_4 + \gamma_5$; $\alpha_4 + \gamma_3 = 180°$ und viele andere Beziehungen.

Aufgabe 2.4.2: O. B. d. A. kann man $\alpha \leq \beta \leq \gamma$ annehmen. Es gibt 12 Dreiecke.

α	15°	15°	15°	15°	15°	30°	30°	30°	30°	45°	45°	60°
β	15°	30°	45°	60°	75°	30°	45°	60°	75°	45°	60°	60°
γ	150°	135°	120°	105°	90°	120°	105°	90°	75°	90°	75°	60°

Aufgabe 2.4.3: O. B. d. A. darf man $\alpha \leq \beta \leq \gamma$ annehmen. Es gilt $\gamma \leq 90°$.
Wäre die Behauptung falsch, so folgte $\beta - \alpha > 30°$ und $\gamma - \beta > 30°$. Aus der zweiten Ungleichung ergibt sich $\beta < \gamma - 30° \leq 90° - 30° = 60°$ und damit aus der ersten Ungleichung $\alpha < \beta - 30° < 30°$.
Für die Winkelsumme folgt $\alpha + \beta + \gamma < 30° + 60° + 90° = 180°$. Dies ist nicht möglich.

Aufgabe 2.4.4: Aus der Gleichheit zweier Winkel folgt nach dem Winkelsummensatz die Gleichheit der dritten Winkel. Die Kongruenz ergibt sich damit aus WSW.

Aufgabe 2.4.5: Es genügt die Übereinstimmung in folgenden Seiten bzw. Winkeln:
(1) Basis und Basiswinkel   (2) Basis und Winkel an der Spitze
(3) Schenkel und Basiswinkel   (4) Schenkel und Winkel an der Spitze
(5) Basis und Schenkel

Aufgabe 2.4.6: Es folgt $|AC| = |BC|$ und $|AB| = |AC|$. Das Dreieck ist also gleichseitig.

Aufgabe 2.4.7: Man legt Punkte B und C auf die Schenkel und erhält mit dem Scheitel A ein Dreieck ABC. Ist eine Halbgerade g gegeben, wird auf ihr eine Strecke $\overline{A'B'}$ mit $|A'B'| = |AB|$ abgetragen. Über dieser Strecke wird ein Dreieck A'B'C' mit $|A'C'| = |AC|$ und $|B'C'| = |BC|$ konstruiert. Die Gleichheit der Winkel in A und A' ergibt sich aus dem Kongruenzsatz SSS.
In der Regel wird man das Dreieck ABC gleichschenklig mit $|AB| = |AC|$ wählen.

Aufgabe 2.4.8: a) Zwei Eckpunkte seien fixiert. Dann lässt sich der dritte Eckpunkt auf einem Kreis um einen der anderen Eckpunkte drehen.
b) Zwei Eckpunkte und der Winkel in einem dieser Eckpunkte seien fixiert. Der dritte Eckpunkt ist dann auf einer Halbgeraden verschiebbar.
c) Ein Eckpunkt samt Winkel sei fixiert, und ein zweiter Eckpunkt mit einem Winkel gegebener Größe liege auf einem Schenkel des ersten Winkels. Dieser Eckpunkt ist auf dem Schenkel verschiebbar, die Seite mit diesem Eckpunkt verschiebt sich dann parallel.

Aufgabe 2.4.9: (1) Es gelte $\alpha > \beta$. In A wird an der Seite $\overline{AB}$ ein Winkel mit $\beta' = \beta$ angetragen. Sein zweiter Schenkel schneidet die Seite $\overline{BC}$ in C'. Nach Satz 2.4.2 ist $\triangle ABC'$ gleichschenklig mit $|AC'| = |BC'| = a'$. Nach der Dreiecksungleichung, angewendet auf $\triangle AC'C$, gilt $a' + (a - a') > b$, also $a > b$.
(2) Gilt $a > b$, so kann nach a) nicht $\alpha < \beta$ (denn daraus folgt $a > b$) und nach Satz 2.4.2 nicht $\alpha = \beta$ (denn daraus folgt $a = b$) gelten. Also ist nur $\alpha > \beta$ möglich.

Aufgabe 2.4.10: Die Teildreiecke EFC, FED, ADE, DAB sind gleichschenklig, ihre Basiswinkel sind γ, φ, ε, δ. Es gilt $\varphi = 2\gamma$,
$\varepsilon + (180° - 2\varphi) + \gamma = 180°$, also $\varepsilon = 2\varphi - \gamma = 3\gamma$,
$\delta + (180° - 2\varepsilon) + \varphi = 180°$, also $\delta = 2\varepsilon - \varphi = 4\gamma$.
Mit $\alpha = \beta = \delta = 4\gamma$ und dem Winkelsummensatz folgt $9\gamma = 180°$, also $\gamma = 20°$.
Die Konstruktion des Dreiecks mit Zirkel und Lineal ist also gleichwertig mit der Konstruktion des 20°-Winkels, die aber nicht möglich ist. Diese Aussage war jedoch nicht zu beweisen und ist auch nur mit höheren Mitteln beweisbar.

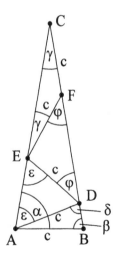

Aufgabe 2.5.1: Nach dem Winkelsummensatz ist der rechte Winkel der größte Winkel des Dreiecks. Nach Satz 2.4.3 ist seine Gegenseite, die Hypotenuse, die längste Seite.

Aufgabe 2.5.2: Gilt $\angle MPS_1 \geq 90°$, so ist dieser Winkel der größte in $\Delta S_1 PM$. Mit Satz 2.4.3 folgt $r > |MP|$.

Gilt aber (wie in Fig. 2.5.4) $\angle MPS_1 < 90°$, folgt $\angle S_2 PM > 90°$, und wieder gilt $r > |MP|$.

Also liegt P innerhalb des Kreises.

$\Delta S_1 S_2 M$ ist gleichschenklig, also gilt $\angle MS_2 P < 90°$, damit $\angle QS_2 M > 90°$ und $|MQ| > |MS_2| = r$. Also liegt Q außerhalb des Kreises.

Damit liegen alle Punkte zwischen S_1 und S_2 innerhalb des Kreises und alle anderen Punkte mit Ausnahme von S_1 und S_2 außerhalb des Kreises.

Aufgabe 2.5.3: M_1, M_2 seien die Kreismittelpunkte, S_1, S_2 zwei Schnittpunkte. Nach SSS gilt $\Delta M_1 M_2 S_1 \cong \Delta M_2 M_1 S_2$. Die Winkel in M_1 sind gleich; je einer liegt in einer der zwei von $M_1 M_2$ erzeugten Halbebenen. Gäbe es einen weiteren Schnittpunkt S_3, so entstünde ein weiteres zu den vorigen kongruentes Dreieck. Da man den Winkel in M_1 nur auf zwei Arten antragen kann und $|M_1 S_3| = |M_1 S_1|$ sowie $|M_1 S_3| = |M_1 S_2|$ gilt, fällt S_3 mit S_1 oder S_2 zusammen.

Aufgabe 2.5.4: Zunächst sei $r_1 > r_2$. Es ist günstig, zunächst die Lagen zu betrachten, in denen die Kreise genau einen Schnittpunkt (Berührpunkt) haben.
Berührung von innen liegt bei $m = r_1 - r_2$ vor, Berührung von außen bei $m = r_1 + r_2$.
Gibt es keinen Schnittpunkt, so gilt $m < r_1 - r_2$ oder $m > r_1 + r_2$.
Gibt es zwei Schnittpunkte, so gilt $r_1 - r_2 < m < r_1 + r_2$.
Lässt man auch $r_1 < r_2$ zu, so ist oben $r_1 - r_2$ durch $|r_1 - r_2|$ zu ersetzen.
Jetzt sei $r_1 = r_2$. Gibt es
– keinen Schnittpunkt, so gilt $m > 2r_1$,
– genau einen Schnittpunkt, so gilt $m = 2r_1$,
– zwei Schnittpunkte, so gilt $m < 2r_1$.
Da von zwei Kreisen die Rede ist, kann der Fall $m = 0$ ("zusammenfallende" Kreise mit "unendlich vielen" Schnittpunkten) nicht auftreten.

Aufgabe 2.5.5: Für $r_1 \neq r_2$, wobei die Spezialisierung $r_1 < r_2$ zulässig ist, ist zu zeigen:
(1) Gilt $m < r_2 - r_1$ oder $m > r_1 + r_2$, so gibt es keinen Schnittpunkt.

(2) Gilt $m = r_2 - r_1$ oder $m = r_1 + r_2$, so gibt es genau einen Schnittpunkt.

(3) Gilt $r_2 - r_1 < m < r_1 + r_2$, so gibt es genau zwei Schnittpunkte.
(1) Die Punkte P und Q liegen dann entweder beide innerhalb oder außerhalb von k_2.
X sei ein beliebiger Punkt auf k_1. Bei $m < r_2 - r_1$ liegen P und Q innerhalb k_2 (siehe Figur).
$\Delta M_1 QX$ ist gleichschenklig. Es gilt
$\angle XQM_2 = \angle XQM_1 = \angle M_1 XQ < \angle M_2 XQ$.
Mit Satz 2.4.3 folgt $|M_2 X| < |M_2 Q| < r_2$.

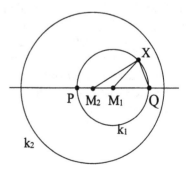

Bei $m > r_1 + r_2$ (Fig. 2.5.6) ist ΔPM_1X gleichschenklig, also gilt $\angle M_1PX < 90°$ und daher $\angle XPM_2 > 90°$.

Nach Satz 2.4.3 folgt

$|M_2X| > |M_2P| > r_2$.

(2) Q bzw. P liegt auf k_2. Für alle Punkte $X \neq Q$ bzw. $X \neq P$ schließt man wie in (1) und erhält $|M_2X| < |M_2Q| = r_2$ bzw. $|M_2X| > |M_2P| = r_2$.

(3) Aus $r_2 - r_1 < m < r_1 + r_2$ folgt, dass P innerhalb und Q außerhalb von k_2 liegt. Damit gibt es mindestens zwei Schnittpunkte, nach Aufgabe 2.5.3 also genau zwei Schnittpunkte.

Bei $r_1 = r_2$ schließt man ganz analog.

Aufgabe 2.5.6: a) Berührung von außen, 1 Schnittpunkt

b) 2 Schnittpunkte

c) k_1 außerhalb von k_2, kein Schnittpunkt

d) k_2 innerhalb von k_1, kein Schnittpunkt

e) 2 Schnittpunkte

f) Berührung von innen, 1 Schnittpunkt

Aufgabe 2.5.7: a) Wenn jeder Kreis jeden anderen in zwei Punkten schneidet und alle diese Punkte verschieden sind, ergibt sich die Anzahl $2 \cdot \binom{n}{2} = n(n-1)$.

b) Die Maximalzahl von Gebieten, in die die Ebene von n Kreisen zerlegt wird, sei a_n. Offenbar gilt $a_1 = 2$. Fügt man zu $n-1$ Kreisen, die eine maximale Zerlegung erzeugen, einen n-ten Kreis hinzu, so entstehen dann am meisten neue Gebiete, wenn der neue Kreis von den Schnittpunkten mit den anderen Kreisen in möglichst viele Bögen zerlegt wird. Jeder Bogen zerlegt nämlich ein vorhandenes Gebiet in zwei Gebiete. Die maximale Anzahl von Bögen ist der maximalen Anzahl von Schnittpunkten gleich, beträgt also $2(n-1)$. Daher gilt $a_n = a_{n-1} + 2(n-1)$, was auf

$$a_n = 2 + 2 \cdot \sum_{k=1}^{n}(k-1) = 2 + (n-1)n$$

führt.

Ob diese Maximalzahl erreichbar ist, hängt davon ab, ob es eine entsprechende Kreiskonfiguration gibt. Dies war zwar nicht Inhalt der Aufgabe, soll aber wenigstens angedeutet werden: Man wähle für alle Kreise den Radius $r = 3$ cm und lege alle Mittelpunkte in einen Kreisring mit dem Außenradius 2 cm und dem Innenradius 1 cm. Der maximale Mittelpunktsabstand ist dann 4, so dass für alle Mittelpunktsentfernungen m die Ungleichung $m < 2r$ erfüllt ist und die Kreise sich gegenseitig schneiden. Damit die maximale Anzahl von Bögen erreicht wird, dürfen durch keinen Schnittpunkt mehr als zwei Kreise gehen. Dies erreicht man nötigenfalls durch geeignete "kleine" Verlagerungen der Mittelpunkte.

Aufgabe 2.6.1: 13 Dreiecke mit paarweise verschiedenen Seiten ("1" bzw. "0" steht für "Seite kommt vor" bzw. "Seite kommt nicht vor"):

Seitenlänge	Δ_1	Δ_2	Δ_3	Δ_4	Δ_5	Δ_6	Δ_7	Δ_8	Δ_9	Δ_{10}	Δ_{11}	Δ_{12}	Δ_{13}
3	1	1	1	1	0	0	0	0	0	0	0	0	0
5	1	0	0	0	1	1	1	1	1	0	0	0	0
7	1	1	0	0	1	1	0	0	0	1	1	1	0
9	0	1	1	0	1	0	1	1	0	1	1	0	1
11	0	0	1	1	0	1	1	0	1	1	0	1	1
13	0	0	0	1	0	0	0	1	1	0	1	1	1

9 gleichschenklige, nicht gleichseitige Dreiecke:
3 / 3 / 5; 5 / 5 / 7; 5 / 5 / 9; 7 / 7 / 9; 7 / 7 / 11; 7 / 7 / 13; 9 / 9 / 11; 9 / 9 / 11;
9 / 9 / 13; 11 / 11 / 13
6 gleichseitige Dreiecke

Aufgabe 2.6.2: a) 1, 2, 4, 8, 16, …; Bildungsgesetz: Zweierpotenzen
b) Die Dreiecksungleichung darf nicht erfüllbar sein, aber "möglichst knapp". Also nimmt man c = a + b.
Damit: 1, 2, 3, 5, 8, 13, …; Fibonacci-Zahlen

Aufgabe 2.6.3: Man darf a ≤ b ≤ c mit c < a + b annehmen. Aus c < a + b folgt a > c – b.

Aufgabe 2.6.4: Konstruktion siehe Satz 2.6.3; Kontrolle a) a = 9,6 cm   b) c = 6,8 cm

Aufgabe 2.6.5: Der Gegenwinkel der kleineren Seite c ist gegeben; Vertauschung von b und c im Vergleich zu Aufgabe 2.6.4a). Konstruktion wie zu Satz 2.6.3, aber zwei Schnittpunkte B, B' auf dem freien Schenkel von γ. Es gibt also zwei zueinander nicht kongruente Lösungsdreiecke.
Kontrolle: | BC | = 7,0 cm , | B'C | = 2,1 cm

Aufgabe 2.6.6: Die Sehne schneide den Kreis in S_1 und S_2, der Radius schneide in Q.
(1) Q sei der Mittelpunkt der Sehne. Dann sind die Dreiecke S_1QM und S_2QM nach dem Kongruenzsatz SSS kongruent. Ihre Winkel bei Q stimmen überein, und da sie sich zu 180° ergänzen, sind beide recht.
(2) Steht der Radius auf der Sehne senkrecht, haben die Dreiecke S_1QM und S_2QM bei Q rechte Winkel. Die Hypotenusen sind die längsten Seiten, und für sie gilt | MS_1 | = | MS_1 | = r. Außerdem haben die Dreiecke die Seite $\overline{MQ}$ gemeinsam. Damit sind sie nach SSW_g kongruent.

Aufgabe 2.6.7: a) Die Seitenlängen sind a + d, b + d, c + d. Die größte Seitenlänge ist
c + d. Aus c < a + b folgt c + d < a + b + d, also erst recht c + d < (a + d) + (b + d). Seitenverlängerung ergibt also immer konstruierbare Dreiecke.
b) Die Seitenlängen sind a – d, b – d, c – d, und a – d ist die kürzeste, c – d ist die längste Seite.
Zunächst ist a – d > 0 zu fordern, also d < a.

Außerdem ist zu fordern: c – d < (a – d) + (b – d)

Diese Ungleichung folgt nicht aus der Ungleichung c < a + b. Sie ist vielmehr nur dann erfüllt, wenn d < a + b – c gilt. Die Verkürzung d muss also kleiner sein als der Überschuss von a + b gegen c.

Wegen b ≤ c gilt a + b – c ≤ a, so dass die Bedingung d < a schwächer ist als die Bedingung d < a + b – c und somit weggelassen werden kann.

Aufgabe 2.6.8: Jeweils nach der Dreiecksungleichung gilt für den Streckenzug in Fig. 2.6.3

$$|AC| + |CD| + |DE| + |EB| > |AD| + |DE| + |EB|$$
$$> |AE| + |EB|$$
$$> |AB|$$

Entsprechend schließt man für beliebige Streckenzüge. Ganz korrekt wäre ein Beweis durch vollständige Induktion.

Aufgabe 2.6.9: Da es um die Anzahl der Kongruenzklassen geht, kann man o. B. d. A. a ≤ b ≤ c voraussetzen.

a) Beispiele:

c = 6

a	1	2	2	3	3	3	4	4	4	5	5	6
b	6	5	6	4	5	6	4	5	6	5	6	6

c = 7

a	1	2	2	3	3	3	4	4	4	4	5	5	5	6	6	7
b	7	6	7	5	6	7	4	5	6	7	5	6	7	6	7	7

Anfangsstück der Anzahlfolge (d_c)

c	1	2	3	4	5	6	7	8	9	10
d_c	1	2	4	6	9	12	16	20	25	30
$d_{c+1} - d_c$	1	2	2	3	3	4	4	5	5	

Man kann vermuten, dass die Zahlen d_c abwechselnd Quadratzahlen und "Dreieckszahlen" (also Zahlen der Form n(n + 1)) sind. Genauer ist die Vermutung

$$d_c = \left(\frac{c+1}{2}\right)^2 \text{ für ungerades c; } d_c = \frac{c}{2}\left(\frac{c}{2}+1\right) \text{ für gerades c}$$

Die Differenzenfolge ist ebenfalls auffällig. Es ist allerdings nicht ganz einfach, sie zu erklären und dann zum Beweis zu nutzen.

Zum Beweis kann man zu jeweils fest gewähltem c die Anzahl der Paare (a, b) mit a ≤ b ≤ c abzählen, die die Dreiecksungleichung a + b > c erfüllen. Die Summe a + b hat den Minimalwert c + 1 und den Maximalwert 2c. Es ist günstig, die Zählung mit dem Maximalwert zu beginnen. In den folgenden zwei Tabellen gehören die Werte von a und b in jeder Zeile in ihrer Reihenfolge zusammen. Ist die Summe gerade, endet die Aufzählung mit a = b, ist sie ungerade, endet sie mit a = b – 1.

Für die Abzählung ist zu beachten, dass der Abschnitt m, m + 1, …, n der natürlichen Zahlen n – m + 1 Zahlen enthält.

1. Fall: c gerade

Wert von a + b	Wert von b	Wert von a	Anzahl der Paare (a, b)
2c	c	c	1
2c − 1	c	c − 1	1
2c − 2	c; c − 1	c − 2; c − 1	2
2c − 3	c; c − 1	c − 3; c − 2	2
...	...	...	...
c + 4	c; c − 1; ...; $\frac{c}{2}+2$	4; 5; ...; $\frac{c}{2}+2$	$\frac{c}{2}+2-4+1=\frac{c}{2}-1$
c + 3	c; c − 1; ...; $\frac{c}{2}+2$	3; 4; ...; $\frac{c}{2}+1$	$\frac{c}{2}+1-3+1=\frac{c}{2}-1$
c + 2	c; c − 1; ...; $\frac{c}{2}+1$	2; 3; ...; $\frac{c}{2}+1$	$\frac{c}{2}+1-2+1=\frac{c}{2}$
c + 1	c; c − 1; ...; $\frac{c}{2}+1$	1; 2; ...; $\frac{c}{2}$	$\frac{c}{2}$

Nach der Summenformel $1 + 2 + ... + n = \frac{1}{2}n(n+1)$ gilt

$$d_c = 2\left(1+2+...+\frac{c}{2}\right) = \frac{c}{2}\left(\frac{c}{2}+1\right)$$

2. Fall: c ungerade

Wert von a + b	Wert von b	Wert von a	Anzahl der Paare (a, b)
2c	c	c	1
2c − 1	c	c − 1	1
2c − 2	c; c − 1	c − 2; c − 1	2
2c − 3	c; c − 1	c − 3; c − 2	2
...	...	...	...
c + 4	c; c − 1; ...; $\frac{c+3}{2}+1$	4; 5; ...; $\frac{c+3}{2}$	$\frac{c+3}{2}-4+1=\frac{c-3}{2}$
c + 3	c; c − 1; ...; $\frac{c+3}{2}$	3; 4; ...; $\frac{c+3}{2}$	$\frac{c+3}{2}-3+1=\frac{c-1}{2}$
c + 2	c; c − 1; ...; $\frac{c+1}{2}+1$	2; 3; ...; $\frac{c+1}{2}$	$\frac{c+1}{2}-2+1=\frac{c-1}{2}$
c + 1	c; c − 1; ...; $\frac{c+1}{2}$	1; 2; ...; $\frac{c+1}{2}$	$\frac{c+1}{2}$

$$d_c = 2\left(1+2+...+\frac{c-1}{2}\right)+\frac{c+1}{2} = \frac{c-1}{2}\frac{c+1}{2}+\frac{c+1}{2} = \left(\frac{c+1}{2}\right)^2$$

Aufgabe 2.6.10:

a)

u	1	2	3	4	5	6	7	8	9	10
(a, b, c)	---	---	(1, 1, 1)	---	(1, 2, 2)	(2, 2, 2)	(1, 3, 3,); (2, 2, 3)	(2, 3, 3)	(1, 4, 4); (2, 3, 4); (3, 3, 3)	(2, 4, 4); (3, 3, 4)
d_u	0	0	1	0	1	1	2	1	3	2

b) Anfangsstück bis u = 25:

u	1	2	3	4	5	6	7	8	9	10	11	12	13	...
d_u	0	0	1	0	1	1	2	1	3	2	4	3	5	...

...	13	14	15	16	17	18	19	20	21	22	23	24	25
...	5	4	7	5	8	7	10	8	12	10	14	12	16

Die Anzahlfolge ist also nicht monoton wachsend. Die auffälligen Abwärtssprünge und die Wiederholungen gleicher Werte führen zu zwei Vermutungen:
Ist u ein Vielfaches von 4, gilt $d_u < d_{u+1}$.
Ist u ungerade gilt, $d_{u+3} = d_u$.
Umgekehrt kann man ein Anwachsen von bestimmten Aufwärtssprüngen vermuten:
$d_{u+1} - d_u = 1; 2; 2; 3; 4; 4$ für u = 4; 8; 12; 16; 20; 24
Die Herleitung einer Formel, in der d_u durch u ausgedrückt wird, wäre hier unangemessen langwierig.

Aufgabe 2.7.2: Ein ausreichend großer Kreis um P ergibt die Schnittpunkte A und B mit g. Diese sind die Mittelpunkte für die Zwei-Kreis-Figur.

Aufgabe 2.7.3: (1) Man konstruiert jeweils mit der Zwei-Kreis-Figur die Senkrechte h zu g durch P und die Senkrechte i zu h durch P. Da g und i mit h gleiche Winkel einschließen, sind g und i nach dem Stufenwinkelsatz oder Wechselwinkelsatz zueinander parallel.
Die Konstruktionsidee ist einfach, die zweimalige Ausführung der Zwei-Kreis-Figur ist etwas umständlich.
(2) In der Zwei-Kreis-Figur (Fig. 2.7.1) gilt $\triangle ABD \cong \triangle ABC$. Wegen der Gleichschenkligkeit gilt $\angle DAB = \angle BAC = \angle CBA$. Nach dem Wechselwinkelsatz sind die Geraden AD und CB zueinander parallel. Man muss jetzt P mit C und g mit AD identifizieren, wobei D auf g so zu bestimmen ist, dass $|AD| = |AP|$ gilt. (Es gibt zwei Möglichkeiten für D!)
Die Zwei-Kreis-Figur muss umstrukturiert werden; die Konstruktion ist einfach.
(3) Man schneide g mit einer beliebigen Geraden h durch P; der Schnittpunkt sei R. Man konstruiere Q auf g mit $|RQ| = |RP|$; es gibt zwei Möglichkeiten. Der Punkt S auf h wird so bestimmt, dass P der Mittelpunkt von $\overline{RS}$ ist. Das zum Dreieck PRQ kongruente

Dreieck SPT wird nach SSS konstruiert. Nach dem Stufenwinkelsatz ist die Gerade PT zu g parallel.

Die Konstruktionsidee ist einfach, die Konstruktion umständlicher als die aus (2).

Aufgabe 2.7.4: a) g ⊥ i ; Wechselwinkelsatz

b) g ∥ i Wechselwinkelsatz

c) g ⊥ j ; nach b) g ∥ i und dann nach a) mit i für h und j für i: g ⊥ j

Aufgabe 2.7.5: Die Schnittpunkte von g bzw. h mit i seien A bzw. B, die Schnittpunkte mit j seien A' bzw. B'. Gilt g ⊥ i, ist nichts mehr zu zeigen. Andernfalls werden in A und B die Lote auf j errichtet. Mit deren Fußpunkten C und C' entstehen zwei nach WSW kongruente Dreiecke ABC und A'B'C'. Es gilt also |AB| = |A'B'|.

Aufgabe 2.7.6: Man legt durch A und B beliebige Parallelen (vgl. Aufgabe 2.7.3) und trägt auf ihnen die gleich langen Strecken $\overline{AC}$ und $\overline{BD}$ so ab, dass C und D in verschiedenen Halbebenen bzgl. AB liegen. Der Schnittpunkt von CD mit AB sei M. Die Winkel der Dreiecke AMC und BMD bei A bzw. B sowie bei M sind gleich (Wechselwinkel bzw. Scheitelwinkel). Daher sind auch die Winkel bei C bzw. D gleich; die Dreiecke sind nach WSW kongruent. Daher gilt |AM| = |MB|.

Aufgabe 2.7.7: a) In den Endpunkten der beliebigen Verbindungsstrecke $\overline{AB}$ werden Lote auf g und errichtet (siehe Figur). Nach Voraussetzung werden diese von m halbiert. Es gilt also |AE| = |BF|. Nach WSW gilt

$\Delta AME \cong \Delta BMF$ und damit |AM| = |BM|.

b) Nach a) konstruiert man zwei Lote (vgl. Konstruktion des rechten Winkels) und halbiert diese mit der Zwei-Kreis-Figur.

Man kann auch zwei beliebige Verbindungsstrecken mit Hilfe der Zwei-Kreis-Figur halbieren. Nach a) liegen die Mittelpunkte auf m, so dass damit m bestimmt ist.

Aufgabe 2.7.6 legt nahe, die dortige Figur so anzupassen, dass $\overline{AC}$ auf g und $\overline{BD}$ auf h zu liegen kommt und M als Mittelpunkt der Verbindungsstrecke $\overline{AB}$ der zwei Parallelen entsteht. Nach a) liegt M auf der Mittelparallelen. Wiederholt man diese Konstruktion für eine zweite Verbindungsstrecke, hat man zwei Punkte von m und damit auch m.

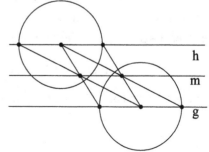

c) Es genügt, auf g und h je zwei gleichlange Strecken mithilfe zweier Kreise von gleichem Radius zu konstruieren und die Verbindungsstrecken der Endpunkte zu halbieren (siehe Figur).

Aufgabe 2.7.8: Man konstruiert zwei "halbe" Zwei-Kreis-Figuren und erhält (entsprechend der Bezeichnungsweise von Fig. 2.7.1) zwei Punkte C und C' der Mittelsenkrechten.

Aufgabe 2.7.9: a) Eine erste halbe Zwei-Kreis-Figur lässt sich über $\overline{AB}$ konstruieren.

Eine zweite solche Figur erhält man so: Die Strecke $\overline{AB}$ wird über B hinaus zu $\overline{AC}$ mit $|AC| = 8\,cm$ verlängert, ebenso über A hinaus zu $\overline{BD}$ mit $|BD| = 8\,cm$. Damit gilt $|CD| = 11\,cm$, und über $\overline{CD}$ ist eine halbe Zwei-Kreis-Figur konstruierbar. Die Strecken $\overline{AB}$ und $\overline{CD}$ haben denselben Mittelpunkt und damit dieselbe Mittelsenkrechte. Jede der zwei halben Zwei-Kreis-Figuren liefert einen Punkt dieser Geraden.

b) Jede Strecke mit demselben Mittelpunkt wie $\overline{AB}$ und Länge < 2r liefert einen Punkt der gemeinsamen Mittelsenkrechten m. Wie viele solche Hilfsstrecken nötig sind, hängt von der Beziehung zwischen $|AB|$ und r ab.

(1) $|AB| = 2r$

Der Mittelpunkt ergibt sich durch einen Kreis um A.

(2) $|AB| < 2r$

Ein Punkt von m ergibt sich unmittelbar über $\overline{AB}$.

Man trägt von A bzw. B aus die Strecken $\overline{AC}$ bzw. $\overline{BD}$ mit der Länge r in Richtung auf B bzw. auf A hin ab. Gleichgültig ob C und D auf $\overline{AB}$ oder auf der Verlängerung von $\overline{AB}$ liegen, gilt $|CD| < 2r$. Damit hat man eine geeignete Hilfsstrecke gefunden. Eine genauere Analyse siehe unten!

(3) $|AB| > 2r$

Man trägt, kurz gesagt, r von A und B aus so oft nach innen ab, bis man eine hinreichend kurze Hilfsstrecke hat. Eine zweite Hilfsstrecke erhält man, indem man r noch einmal abträgt. Eine genauere Analyse siehe unten!

Zusatz zu (2)

Die Zwei-Kreis-Figuren über $\overline{AB}$ bzw. $\overline{CD}$ sind konstruierbar, wenn $|AB| < 2r$ bzw. $|CD| < 2r$ gilt.

Es sei $|AB| < 2r$ vorausgesetzt; es wird untersucht, unter welcher Voraussetzung dann $|CD| < 2r$ gilt.

Falls wie in der Vorgabe $|AB| < r$ gilt, gilt $|CD| = 2r - |AB| < 2r$, so dass die zweite Bedingung aus der ersten folgt.

Falls aber $|AB| > r$ gilt, liegen die Endpunkte von $\overline{CD}$ im Innern von $\overline{AB}$. Wegen $\frac{1}{2}|AB| < r$ überlappen sich die Strecken $\overline{AC}$ und $\overline{BD}$, und es gilt $2r - |CD| = |AB|$, also wie im ersten Fall $|CD| = 2r - |AB| < 2r$.

Zusatz zu (3)

Durch Division mit Rest von $|AB|$ durch $2r$ erhält man $|AB| = 2r \cdot n + s$ mit $n \in \mathbb{N}$ und $0 \le s < 2r$. Trägt man also r von A bzw. von B aus n mal ab, entsteht eine Reststrecke $\overline{CD}$ der Länge s. Bei $s = 0$ ist der Mittelpunkt direkt erreicht, bei $s > 0$ verhilft die Reststrecke zu einem Punkt von m. Einen zweiten Punkt von m erhält man wie folgt:

Man trägt r von A bzw. von B aus $(n + 1)$-mal nach innen ab und erhält Strecken $\overline{AC'}$ und $\overline{BD'}$ mit der Länge $(n + 1)r$.

Mit $|AB| = 2r \cdot n + s$ gilt

$$|AB| - |AC'| = (n-1) \cdot r + s > 0 \text{ und } |AC'| - \frac{1}{2}|AB| = r - \frac{1}{2}s > 0.$$

Also liegt C' auf $\overline{AB}$, und der Mittelpunkt M liegt zwischen C und C'. Entsprechend liegt M zwischen D und D'. Die Strecken $\overline{AC'}$ und $\overline{BD'}$ überlappen sich, und es gilt $|AB| + |C'D'| = |AC'| + |BD'| = 2(n+1)r$, also

$$|C'D'| = 2(n+1)r - (2nr + s) = 2r - s < 2r.$$

Damit ist $\overline{C'D'}$ eine zweite geeignete Hilfsstrecke.
Die Figur zeigt die Situation mit $n = 2$.

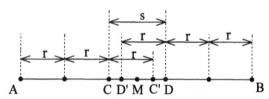

Aufgabe 2.7.10: a) Man trägt den Radius 3 cm je dreimal von A und B aus nach innen ab, so dass eine 2 cm lange Reststrecke übrig bleibt. Je viermaliges Abtragen des Radius 2 cm ergibt eine 4 cm lange Reststrecke. Über beiden Reststrecken lässt sich je ein Punkt der gemeinsamen Mittelsenkrechten konstruieren. Auf dieser liegt auch der Mittelpunkt von $\overline{AB}$.

b) Die (nicht maßstäbliche) Figur zeigt eine Konstruktion mit Hilfe von zwei gleichseitigen Dreiecken. Der Beweis für die Richtigkeit ist im wesentlichen derselbe wie in Aufgabe 2.7.5; vgl. Fig. 2.7.4.

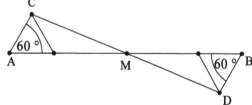

Aufgabe 2.8.1: Kontrolle: Die Mittelsenkrechten und die Winkelhalbierenden schneiden sich jeweils.

Aufgabe 2.8.2: Die Punkte sind die Schnittpunkte von m_{AB} mit g bzw. k.
a) Es gibt genau einen, keinen oder beliebig viele Punkte je nachdem, ob m_{AB} und g sich schneiden, parallel und verschieden sind oder zusammenfallen.
b) Es gibt genau zwei, genau einen oder keinen Schnittpunkt je nachdem, ob g Sekante, Tangente oder Passante von k ist.

Aufgabe 2.8.3: w_α ist die rückwärtige Verlängerung der Winkelhalbierenden des zum Vollwinkel ergänzenden spitzen Winkels. Von den Punkten von w_α aus gibt es keine Lotstrecken auf die Schenkel, sondern nur auf deren rückwärtige Verlängerungen. Von Punkten, die nicht auf w_α liegen, gibt es keine oder nur eine oder zwei Lotstrecken auf die Schenkel. Satz 2.8.2 muss dahingehend geändert werden, dass der Abstand von den Geraden betrachtet wird, auf denen die Schenkel liegen.

Aufgabe 2.8.4: Die Figur zeigt das Zeichenblatt mit dem Winkel $\angle BAC$ und dem außerhalb liegenden Scheitel A. Zu den Schenkeln werden Parallelen im Abstand d konstruiert, deren Schnittpunkt A' auf dem Zeichenblatt liegt. Die Winkelhalbierende $w_{\alpha'}$ von $\angle B'A'C'$ wird mit Hilfe von D' und E' mit $|A'D'| = |A'E'|$ konstruiert. Sie stimmt mit w_α überein.

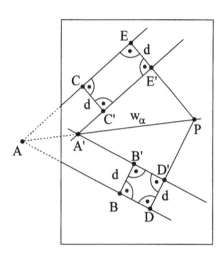

Zum Beweis betrachtet man einen beliebigen Punkt P auf $w_{\alpha'}$ und die Lote auf die Schenkel von $\angle BAC$. Nach Satz 2.8.1 gilt $|PD'| = |PE'|$, und wegen

$$|PD'| = |PD| + d = |PE| + d = |PE'|$$

liegt, wieder nach Satz 2.8.2, P auf w_α.

Aufgabe 2.8.5: In Aufgabe 2.4.7 wurde das Kopieren eines Winkels mit Hilfe Kongruenzsatzes SSS behandelt. Dieselbe Konstruktionsmethode ist auch hier anwendbar. Beim Verdoppeln und Addieren wird nach außen angetragen, beim Subtrahieren nach innen.

Aufgabe 2.8.6: Durch Halbieren des 90°-Winkels bzw. des 60°-Winkels erhält man Winkel von 45°; $22\frac{1}{2}°; 11\frac{1}{4}°; \dots$ bzw. 60°; 30°; 15°; $7\frac{1}{2}°; \dots$

a) 15°: zweimaliges Halbieren von 60°; 165° = 180° – 15°;

$$18\frac{3}{4}° = 11\frac{1}{4}° + 7\frac{1}{2}°; \quad 37\frac{1}{2}° = 45° - 7\frac{1}{2}°$$

b) Alle Winkel mit $\alpha = \dfrac{m}{2^k} \cdot 90° + \dfrac{n}{2^l} \cdot 60°$ mit k, l $\in \mathbb{N}_0$ und m, n $\in \mathbb{Z}$ sind konstruierbar.

(Die Bedingung $0° \leq \alpha \leq 360°$ ist dabei unwesentlich.)

Es lässt sich zeigen, dass beispielsweise auch der 36°-Winkel konstruierbar ist. Er gehört nicht zu den hier beschriebenen Winkeln.

Aufgabe 2.8.7: Zu lösen ist die Gleichung $\dfrac{m}{2^k} \cdot 90° + \dfrac{n}{2^l} \cdot 60° = 1°$, also

$m \cdot 2^l \cdot 90 + n \cdot 2^k \cdot 60 = 2^{k+1}$ mit $k, l \in \mathbb{N}_0$; $m, n \in \mathbb{Z}$. Dies ist nicht möglich, da die linke Seite durch 3 teilbar ist, die rechte nicht.

Aufgabe 2.8.8: Im Vorgriff auf Aufgabe 2.8.9 wird ein Gebiet, dessen Punkte näher an A als an B und näher an B als an A liegen, durch das Symbol A/B/C bezeichnet. Dann entstehen die in der Figur eingetragenen Gebiete.

Ein Sonderfall liegt vor, wenn A, B und C (o. B. d. A. in dieser Reihenfolge) auf einer Geraden liegen. Dann entstehen die Gebiete A/B/C, B/A/C, B/C/A, C/B/A.

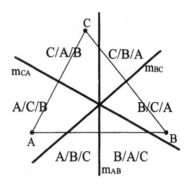

Aufgabe 2.8.9: Wird eine Mittelsenkrechte über-schritten, vertauschen sich in der Gebietsbezeich-nung die Endpunkte der Strecke, deren Mittelsenkrechte überschritten wurde. Beispiels-weise kommt man vom Gebiet D/A/B/C beim Überschreiten von m_{DA} in das Gebiet A/D/B/C. Es entstehen 16 Gebiete.

Bemerkung: Die Punkte A, B, C, D bilden hier ein Parallelogramm, um die Figur eini-germaßen übersichtlich zu halten.

Bei allgemeiner Lage der vier Punkte entstehen 18 Gebiete.

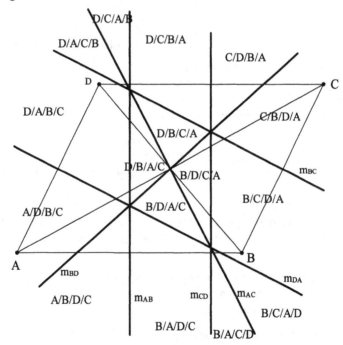

Aufgabe 2.9.1: a) Spiegelung an g: Original- und Bildkreis können durch g getrennt liegen, sich auf g berühren, sich in zwei auf g liegenden Punkten schneiden oder sie können zusammenfallen.

Spiegelung an Z: Interessanter Sonderfall ist die Berührung in Z. Sie tritt ein, wenn Z auf dem Kreis liegt.

b) Spiegelung an g: Ist das Dreieck nicht gleichschenklig, erkennt man die Umkehrung des Umlaufsinns. Dreiecksseiten bzw. ihre Verlängerungen schneiden sich auf g, falls sie nicht zu g parallel sind.

Spiegelung an Z: Interessante Sonderfälle treten auf, wenn Z ein Eckpunkt oder der Mittelpunkt einer Seite ist.

Aufgabe 2.9.2: Geradenspiegelung: Fixpunkte sind die Punkte auf g; Fixgeraden sind g selbst und die zu g senkrechten Geraden; einzige Fixpunktgerade ist g.

Punktspiegelung: Einziger Fixpunkt ist Z; Fixgeraden sind die Geraden durch Z; eine Fixpunktgerade gibt es nicht.

Aufgabe 2.9.3: Die Gerade h habe das Bild h'. Falls h die Spiegelachse schneidet, ist der Schnittpunkt zugleich ein Punkt von h' und ein Fixpunkt. Daher schneiden sich h und h' auf g. Falls h zu g parallel (und von g verschieden) ist, kann h' mit g keinen Punkt gemeinsam haben. Da h nämlich das Spiegelbild von h' ist, müsste h nach dem eben Bewiesenen durch diesen Punkt gehen, hätte also einen Schnittpunkt mit g.

Aufgabe 2.9.4: Der Kreis ist durch die Entfernungsgleichheit seiner Punkte vom Mittelpunkt definiert. Aus der Entfernungstreue der Geradenspiegelung folgt, dass das Bild eines Kreises ein Kreis von gleichem Radius ist.

Aufgabe 2.9.5: Mit den Bezeichnungen von Fig. 2.9.5 gilt wegen der Längentreue der Geradenspiegelungen an g und h: $|ZP| = |ZP^*|$ und $|ZP^*| = |ZP'|$, also $|ZP| = |ZP'|$.

Wegen der Orthogonalität der Geraden g und h gilt $\alpha + \beta = 90°$.

Aus den Eigenschaften der Geradenspiegelung folgt $\angle PZP^* = 2\alpha$ und $\angle P^*ZP' = 2\beta$, also $\angle PZP' = 2(\alpha + \beta) = 180°$.

Damit ist P' gemäß Definition das Spiegelbild von P an Z.

Aufgabe 2.9.6: Da nach Aufgabe 2.9.5 die Punktspiegelung als Verkettung von Spiegelungen an zueinander senkrechten Geraden dargestellt werden kann, übertragen sich die (bewiesenen!) Eigenschaften der Geradenspiegelung von Satz 2.9.1 auf die Punktspiegelung.

Selbstverständlich kann man auch mit Kongruenzüberlegungen ganz ähnlich wie im Beweis der entsprechenden Eigenschaften der Geradenspiegelung argumentieren:

Längentreue $|P'Q'| = |PQ|$ aus $\Delta PZQ \cong \Delta P'ZQ'$ nach SWS; einfacher Sonderfall: PQ geht durch Z.

Streckentreue: P, Q, R auf einer Geraden; die Annahme, dass P', Q', R' nicht auf einer Geraden liegen, wird durch die Dreiecksungleichung und die Längentreue widerlegt.

Geradentreue und Winkeltreue folgen hieraus wie im Beweis von Satz 2.9.1.

Aufgabe 2.9.7: Die Gerade PQ schneide g in R. Es gilt R' = R.

Aus dem bewiesenen Spezialfall folgt $|PR| = |P'R|$ und $|QR| = |Q'R|$. Liegt R zwischen P und Q, folgt $|PQ| = |PR| + |RQ| = |P'R| + |RQ'| = |P'Q'|$. Liegt R nicht zwischen P und Q, schließt man durch geeignete Subtraktion.

Im Spezialfall PQ $\parallel$ g gilt P'Q' $\parallel$ g nach Aufgabe 2.9.3. Der Schnittpunkt von $\overline{PP'}$ mit g sei R. Nach SSW$_g$ gilt $\Delta PQR \cong \Delta P'Q'R$, denn die Dreiecke haben bei P bzw. P' wegen $\overline{PP'} \perp$ g und der Parallelität rechte Winkel, $|PR| = |P'R|$ gilt nach Definition, und $|RQ| = |RQ'|$ gilt, da hier der bewiesene Spezialfall vorliegt. Damit ist $|P'Q'| = |PQ|$ bewiesen.

Aufgabe 2.9.8: Die Geraden und die vier Winkelhalbierenden (Halbgeraden!) ergeben zusammen je vier gleichgroße Winkel α und β. Es folgt $\alpha + \beta = 90°$; die Winkelhalbierenden stehen aufeinander senkrecht.

Aufgabe 2.9.9: Diese Extremwertaufgabe bedarf keiner Analysis! Das Spiegelbild von B an g sei B', und P sei ein beliebiger Punkt auf g. Die Länge l des Streckenzugs von A über P nach B ist $l = |AP| + |PB| = |AP| + |PB'|$. Liegt P nicht auf $\overline{AB'}$, gilt nach der Dreiecksungleichung $|AP| + |PB'| > |AB'|$. Die kleinstmögliche Länge $|AB'|$ des Streckenzugs wird also genau dann angenommen, wenn P auf $\overline{AB'}$ liegt. Damit ergibt sich auch eine Konstruktion des Streckenzugs.

Aufgabe 2.9.10: Angenommen, g sei gefunden. Die gleichlangen Sehnen von k_1 bzw. k_2 seien PS_1 bzw. PS_2. Spiegelt man k_2, g und S_2 an P, so gehen k_2 in k_2' und S_2 in S_1 über. Daher sind die gemeinsame Sehne von k_1 und k_2' (als Sehne von k_1) und ihr Spiegelbild an P (als Sehne von k_2) die gesuchten gleichlangen Sehnen, womit auch die Gerade g bestimmt ist.
Zur Konstruktion wird also k_2 an P gespiegelt; der zweite Schnittpunkt von k_1 und k_2' sei S_1. Die Verbindungsgerade PS_1 ist eine Gerade der gesuchten Art.
Übrigens ergibt die Spiegelung von k_1 an P keine zusätzliche Lösung, da sich k_1' und k_2 im Spiegelbild S_2 von S_1 schneiden.

Aufgabe 2.9.11: Da es gleichgültig ist, welcher der Punkte P und P' als Original und welcher als Bild aufgefasst wird, kann man sich auf den Fall beschränken, dass P und Q in derselben Halbebene bzgl. g liegen.
Die Konstruktion beruht auf der Aussage von Aufgabe 2.9.3. Die Spiegelbilder der Geraden PQ und P'Q sind konstruierbar, und ihr Schnittpunkt ist Q'.
Die Figur zeigt die Konstruktion für den Fall, dass PQ und g nicht parallel sind.

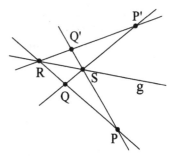

Im anderen Fall wählt man einen Hilfspunkt T so, dass T nicht auf PQ liegt. Dann schneiden sich PT und g, so dass T' wie im ersten Fall konstruiert werden kann. Auch QT und g schneiden sich. Daher kann man jetzt Q' mit Hilfe von T und T' konstruieren.

Aufgabe 2.9.12: Wegen $|P'Q'| = |PQ|$ liegt Q' auf dem Kreis k_1 um P' mit Radius $r_1 = |PQ|$. Wegen $|PQ'| = |P'Q|$ liegt Q' auf dem Kreis k_2 um Q mit Radius $r_2 = |P'Q|$. Diese Kreise schneiden sich in Q' und Q" (siehe Figur). Anschaulich ist klar, dass Q' das Bild von Q ist, nicht aber Q". Zur besseren Orientierung ist in der Figur ist die Mittelsenkrechte von $\overline{PP'}$, also die Spiegelachse g, gestrichelt eingetragen.

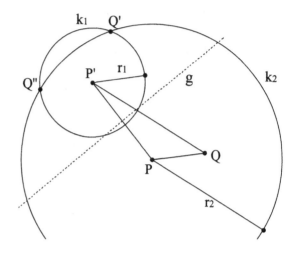

Auch ohne Rückgriff auf die Anschauung lässt sich entscheiden, welcher der Punkte Q' und Q" das Bild von Q ist. Die zwei Punkte liegen (als Kreisschnittpunkte) spiegelbildlich in Bezug auf die Verbindungsgerade der Kreismittelpunkte P und P'. Nur einer der Punkte Q' und Q" liegt mit Q in derselben Halbebene in Bezug auf PP'.

Da Q' (unabhängig von der Konstruktion) existiert, ist gesichert, dass sich die zwei Kreise stets schneiden.

Der Punkt Q" hat aber auch eine Bedeutung: Er ist das Spiegelbild von Q' an der zu g senkrechten Geraden PP'. Nach Aufgabe 2.9.5 ist Q" daher das Spiegelbild von Q am Mittelpunkt Z von $\overline{PP'}$. Damit ergibt sich eine Zirkel-Konstruktion des Punktspiegelbilds, wenn ein Paar Original – Bild (also P und P') gegeben ist.

Bemerkung: In Aufgabe 2.9.11 ist nur das Lineal erlaubt; die dazu passende Eigenschaft der Spiegelung ist die Geradentreue. In Aufgabe 2.9.12 ist nur der Zirkel erlaubt, daher kommt die Längentreue ins Spiel.

Aufgaben aus Kapitel 3

Aufgabe 3.1.2: a) Liegt U außerhalb des Dreiecks, so schneidet genau eine der Strecken $\overline{UA}$, $\overline{UB}$, $\overline{UC}$ eine Dreiecksseite. O. B. d. A. sei dies $\overline{UC}$. Aus einer zu Fig. 3.1.2 analogen Figur liest man wieder $\mu_1 = 180° - 2\gamma_1$ und $\mu_2 = 180° - 2\gamma_2$ ab. Es gilt aber jetzt $\mu_1 + \mu_2 < 180°$, woraus $\gamma > 90°$ folgt. Liegt U auf $\overline{AB}$, gilt $\mu_1 + \mu_2 = 180°$, also $\gamma = 90°$.

b) Es geht um den umgekehrten Schluss von der Lage von U auf die Form des Dreiecks: Ist das Dreieck spitzwinklig, kann U weder außen noch auf einer Seite liegen, denn für diese Lagen wurde Stumpf- bzw. Rechtwinkligkeit nachgewiesen. Entsprechend schließt man für die anderen zwei Dreiecksformen.

Man kann also feststellen: Genau für das spitz- bzw. stumpf- bzw. rechtwinklige Dreieck gilt: U liegt innen bzw. außen bzw. auf einer Seite.

Aufgabe 3.1.3: Der Winkel β sei stumpf. Der Schnittpunkt von m_{AB} bzw. m_{CA} mit $\overline{AB}$ sei C' bzw. C''. Der Schnittpunkt von m_{CA} mit $\overline{CA}$ sei B'.

Für den Winkel α' zwischen m_{AB} und m_{CA} gilt in $\Delta C''UC$: $\alpha' = 90° - \angle UC''C$.

Für den Winkel α gilt in $\Delta C''B'A$: $\alpha = 90° - \angle UC''C$.

Daher gilt $\alpha' = \alpha$.

Entsprechend zeigt man $\gamma' = \gamma$ für den Winkel γ' zwischen m_{BC} und m_{CA}.

Für den Winkel β' zwischen m_{AB} und m_{BC} gilt wie im Fall des spitzwinkligen Dreiecks: $\beta' = 180° - \beta$.

Für die drei Winkel in U liest man ab: $\alpha' + \gamma' = \beta'$. Diese Beziehung ist gleichwertig mit $\alpha + \gamma = 180° - \beta$, also dem Winkelsummensatz.

Aufgabe 3.1.4: Man wählt A, B, C auf dem Kreis und konstruiert zwei Mittelsenkrechte.

Aufgabe 3.1.5: Mit dem Umkreis beginnen; zur Kontrolle: b = 7,0 cm

Aufgabe 3.1.6: Für die Teildreiecke BUA, CUB und AUC eines spitzwinkligen Dreiecks gilt nach der Dreiecksungleichung $2r > a$, $2r > b$ und $2r > c$. Addition ergibt $6r > u$. Diese Ungleichung gilt ebenso für stumpfwinklige Dreiecke, auch wenn dort die Teildreiecke anders liegen als in spitzwinkligen Dreiecken. In rechtwinkligen Dreiecken gilt, wenn c die Hypotenuse ist, $2r = c$. Da aber $2r > a$ und $2r > b$ erhalten bleibt, gilt ebenfalls $6r > u$.

Aufgabe 3.1.7: Eine solche Konstante gibt es nicht. Man denke sich beispielsweise ein gleichschenkliges Dreieck mit einem Winkel $\gamma = 179°$. Der Umfang ist dann nur wenig größer als 2c, während der Umkreisradius viel größer als c ist, denn die Mittelsenkrechten sind fast parallel. Rückt γ immer näher an 180° heran, wächst r unbeschränkt, während u stets kleiner als 2c bleibt.

Aufgabe 3.1.8: Solange die Walze mit einem Punkt eines Kreisbogens aufliegt, liegt das Brett auf dem gegenüberliegenden Eckpunkt. Liegt die Walze in einem Eckpunkt auf, liegt das Brett auf einem Punkt des gegenüberliegenden Kreisbogens.

Die Figur zeigt links eine "Normallage" und rechts die Lage im Augenblick des Aufla-
gewechsels von einem Bogen zu einer Spitze. Man erkennt, dass der Abstand d zwischen
Unterlage und Brett konstant ist; es gilt d = a.

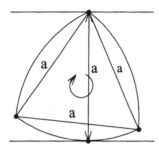 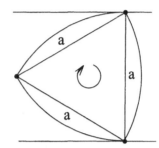

Bei einer vollen Umdrehung der Walze im Uhrzeigersinn rollt der ganze Umfang u ab.
Die Walze bewegt sich also um u nach rechts. Ihr Umriss besteht aus drei 60°-Kreis-

bögen mit Radius a, hat also den Umfang $u = 3 \cdot \dfrac{1}{6} \cdot 2\pi a = \pi a$. Würde sich die Walze um

einen ruhenden Mittelpunkt drehen, würde sich das Brett um u nach rechts bewegen. Die
Bewegungen "Walze gegen Unterlage" und "Brett gegen Walze" überlagern sich und
führen dazu, dass sich das Brett um 2u, also um $2\pi a$ nach
rechts bewegt.

Läge das Brett auf Walzen, deren Querschnitt ein Kreis mit

Radius $\dfrac{a}{2}$ ist, würde es sich ebenfalls um $2\pi a$ nach rechts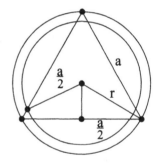

bewegen. Der Umkreis des Dreiecks hat aber einen größeren Radius (siehe Figur).

Das Reuleaux-Dreieck gehört zu den so genannten Figuren
gleicher (d. h. konstanter) Dicke. Gemeint ist damit, dass
zwei parallele Tangenten stets denselben Abstand haben.

Aufgabe 3.2.2: Wären die Winkelhalbierenden w_α und w_β zueinander parallel, so folgte

nach dem Stufenwinkelsatz $\dfrac{\alpha}{2} = \left(180° - \dfrac{\beta}{2}\right)$. Dies ist aber wegen $\alpha + \beta < 180°$ nicht

möglich.

Aufgabe 3.2.3: b) Die äußeren Winkelhalbierenden halbieren die Nebenwinkel, also
halbiert beispielsweise w_α' den Winkel $180° - \alpha$. Der mit der inneren Winkelhalbieren-

den eingeschlossene Winkel ist daher $\dfrac{\alpha}{2} + \dfrac{1}{2}(180° - \alpha) = 90°$.

Aufgabe 3.2.4: Das Dreieck ABC' hat bei A bzw. B die Winkel $90° - \dfrac{\alpha}{2}$ bzw. $90° - \dfrac{\beta}{2}$.

Daher hat das Dreieck A'B'C' bei C' den Winkel $\dfrac{\alpha}{2} + \dfrac{\beta}{2}$. Wegen $\alpha + \beta < 180°$ ist dieser

Winkel spitz. Analog schließt man für die Winkel bei A' und B'.

Aufgabe 3.2.5: a) Als Schnittpunkt von w_β' und w_γ' hat der Punkt A' von AB^+ und AC^+ denselben Abstand. Daher liegt er auf der Verlängerung von w_α.

b) Als Punkt auf w_β' hat A' von den Schenkeln des Außenwinkels in B den gleichen Abstand. Dasselbe gilt für den Außenwinkel in C. Also hat A' von $\overline{BC}$, AB^+ und AC^+ den gleichen Abstand. Daraus folgt die Behauptung.

Aufgabe 3.2.6: Beachtet man das Ergebnis der Aufgaben 3.2.3 und 3.2.5, so genügt es, die inneren Winkelhalbierenden w_α und w_β zu konstruieren. Die weiteren Elemente ergeben sich folgendermaßen:

w_γ aus C und I / w_α' als Senkrechte auf w_α / C' als Schnittpunkt von w_α' und w_γ

w_β' als Verbindungsgerade von C' und B / A' als Schnittpunkt von w_β' und w_α

w_γ' als Verbindungsgerade von A' und C / B' als Schnittpunkt von w_γ' und w_α'

Dann ist für jeden Kreis ein Lot zu konstruieren.

Aufgabe 3.2.7: Man zerlegt das Dreieck vom Inkreismittelpunkt aus durch die Strecken $\overline{IA}$, $\overline{IB}$ und $\overline{IC}$ in drei Teildreiecke. Diese haben die Grundlinie a, b bzw. c und die Höhe ρ. Damit ergibt sich $A = \frac{1}{2}(a + b + c)\rho = \frac{1}{2}u\rho$.

Aufgabe 3.3.1: a) Nach dem Außenwinkelsatz, angewendet auf die Dreiecke BCC' und ACC', gilt mit entsprechenden Bezeichnungen $\gamma_1 < \gamma_1$' und $\gamma_2 < \gamma_2$'. Das ergibt $\gamma = \gamma_1 + \gamma_2 < \gamma_1' + \gamma_2' = 90°$.

Liegt C innen, schließt man analog: $\gamma_1 > \gamma_1$' und $\gamma_2 > \gamma_2$'; $\gamma = \gamma_1 + \gamma_2 > \gamma_1' + \gamma_2' = 90°$

b) In a) wurde bewiesen: Liegt C nicht auf dem Thaleskreis, so ist der Winkel bei C kein rechter. Ist umgekehrt der Winkel bei C ein rechter, so muss daher C auf dem Thaleskreis liegen (Kontraposition).

Aufgabe 3.3.2: a)

(1) zwei Katheten   (2) eine Kathete und die Hypotenuse

(3) eine Kathete und ein spitzer Winkel   (4) die Hypotenuse und ein spitzer Winkel

b) (1) trivial; (2) siehe Beispiel;

(3) im zweiten Endpunkt der Kathete Senkrechte errichten und mit dem freien Schenkel schneiden

(4) Thaleskreis über der Hypotenuse mit dem freiem Schenkel schneiden; oder in beliebigem Punkt des freien Schenkels Senkrechte auf die Hypotenuse errichten und Parallele durch den zweiten Endpunkt der Hypotenuse legen

Aufgabe 3.3.3: b) Die Tangente steht auf dem Berührradius senkrecht.

Aufgabe 3.3.4: a) Fig. 3.3.5: Von M_2 aus werden die Tangenten an den Hilfskreis mit Radius $r_1 - r_2$ um M_1 gelegt. Die Berührradien werden um r_2 verlängert und ergeben die Berührpunkte der (sog. äußeren) gemeinsamen Tangenten. (Kurz: Die gemeinsamen Tangenten ergeben sich als Parallele zu den Hilfstangenten.)

Fig. 3.3.6: Von M_2 aus werden die Tangenten an den Hilfskreis mit Radius $r_1 + r_2$ um M_1 gelegt. Die Berührradien werden um r_2 verkürzt und ergeben die Berührpunkte der (sog. inneren) gemeinsamen Tangenten.

b) Die durch M_2 gehenden Parallelen zu beliebigen gemeinsamen Tangenten sind notwendig Tangenten an einen Hilfskreis im Sinn von a).
Der Sinn dieser Überlegung ist: Man kennt eine Konstruktion für vier Tangenten. Es ist aber zunächst nicht auszuschließen, dass man durch andere Konstruktionen weitere Tangenten erhalten könnte.

Aufgabe 3.3.5: a) Es gibt nur die zwei äußeren gemeinsamen Tangenten. Die Konstruktion innerer Tangenten gelingt nicht. Für das Weitere vgl. Aufgaben 2.5.4 und 2.5.5.
Zwei Kreise mit $r_1 > r_2$ und Mittelpunktsentfernung m schneiden sich genau dann in zwei Punkten, wenn $r_1 - r_2 < m < r_1 + r_2$ gilt. Aus $m < r_1 + r_2$ folgt, dass M_2 innerhalb des Hilfskreises mit Radius $r_1 + r_2$ liegt. Es gibt also keine Tangenten von M_2 an diesen Hilfskreis. Im Gegensatz dazu sichert $r_1 - r_2 < m$, dass M_2 außerhalb des Hilfskreises mit Radius $r_1 - r_2$ liegt, so dass Tangenten existieren.
Übrigens gilt für zwei einander ausschließende Kreise $r_1 + r_2 < m$. Daher liegt M_2 außerhalb des Hilfskreises mit Radius $r_1 + r_2$ und erst recht außerhalb des kleineren Hilfskreises. Es gibt also wie in Aufgabe 3.3.4 von M_2 aus Tangenten an beide Hilfskreise.
b) Berühren sich die Kreise von außen, so gibt es zwei gemeinsame äußere Tangenten und eine innere Tangente. Berühren sich die Kreise von innen, so gibt es nur eine gemeinsame Tangente.
Haben die Kreise denselben Radius, sind die äußeren gemeinsamen Tangenten zueinander parallel.

Aufgabe 3.4.2: Kontrolle
a) b = 9,3 cm   b) b = 7,2 cm   c) c = 8,0 cm   d) c_1 = 6,3 cm; c_2 = 2,7 cm   e) a = 8,7 cm
Zu a), b), e): Je zwei zueinander kongruente Lösungsdreiecke
Zu c), d): Der zweite Schnittpunkt des Kreises mit Radius a um C liegt in c) in der "falschen" Halbebene, in d) in derselben wie der erste Schnittpunkt, so dass es hier zwei zueinander nicht kongruente Lösungsdreiecke gibt. Vgl. SSW_g sowie die Aufgaben 2.6.4 und 2.6.5.

Aufgabe 3.4.3: Verschiedene Möglichkeiten!
Z. B.: In C_1 und C_2 Lote auf AB errichten; Fußpunkte seien D_1 und D_2; gemeinsames Lot von U aus auf AB und C_1C_2 halbiert beide Sehnen (Aufgabe 2.6.6); M Mittelpunkt von $\overline{AB}$; $|MD_1| = |MD_2|$, also auch $|AD_1| = |BD_2|$; $\Delta AD_1C_1 \cong \Delta BD_2C_2$, also $|AC_1| = |BC_2|$ und $\angle D_1AC_1 = \angle C_2BD_2$; also $\Delta ABC_2 \cong \Delta ABC_1$ nach SWS.

Aufgabe 3.4.4: Es gilt $\gamma' = \dfrac{1}{2}\psi$. Die Winkel γ und γ' werden durch $\overline{CC'}$ in γ_1, γ_2, γ_1', γ_2' zerlegt. Da die Dreiecke CC'A und CC'B nach dem Satz des THALES rechtwinklig sind, gilt $\gamma_1 + \gamma_1' = 90°$ und $\gamma_2 + \gamma_2' = 90°$. Damit:

$$\gamma = \gamma_1 + \gamma_2 = 180° - (\gamma_1' + \gamma_2') = 180° - \gamma' = 180° - \frac{1}{2}\psi, \text{ also } \gamma = 180° - \frac{1}{2}\psi. \text{ Wegen}$$

$\psi < 180°$ gilt $\gamma > 90°$.

Aufgabe 3.4.5: Der Beweis entspricht dem aus Aufgabe 3.3.1, nur ist $\gamma_1' + \gamma_2' = 90°$ durch $\gamma_1' + \gamma_2' = \gamma$ zu ersetzen.

Aufgabe 3.4.6: a) Die Mittelsenkrechte halbiert die
Sehne (siehe Figur). Es gilt $\triangle ASM \cong \triangle BSM$, also
$\angle MBS = \angle SAM$.
Nach dem Umfangswinkelsatz gilt
$\angle BSC = \angle BAC$ und $\angle CBA = \angle CSA$.
In der Figur sind gleiche Winkel gleich markiert.
In Dreieck CSB gilt
$\angle MBS + \angle BSC + \angle CBA + \gamma_1 = 180°$
In Dreieck ASC gilt
$\angle SAM + \angle BAC + \angle CSA + \gamma_2 = 180°$
Hieraus folgt $\gamma_1 = \gamma_2$.
b) Die Verbindungsgerade CT schließt mit w_γ nach
dem Satz des THALES einen rechten Winkel ein. Sie
ist daher die äußere Winkelhalbierende (Aufgabe 3.2.3).

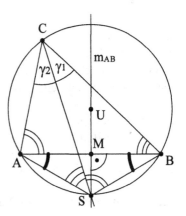

Aufgabe 3.4.7: Bezeichnet man die Winkel des Dreiecks bei S_a, S_b, S_c mit α', β', γ', so
kommt man insbesondere durch Betrachtung von Dreiecken mit ganzzahligen Winkel-
größen zur Vermutung $\alpha' = \frac{1}{2}(\beta + \gamma), \beta' = \frac{1}{2}(\gamma + \alpha), \gamma' = \frac{1}{2}(\alpha + \beta)$. Ein Beweis war nicht
verlangt, ist aber folgendermaßen zu führen:
Der Winkel zwischen m_{AB} und m_{CA} ist, wie man aus den rechtwinkligen Dreiecken mit
Hypotenuse $\overline{AU}$ erkennt, $\mu = 180° - \alpha$.

$\triangle S_c U S_b$ ist gleichschenklig; $\angle U S_c S_b = \frac{1}{2}(180° - \mu) = \frac{1}{2}\alpha$; analog $\angle S_a S_c U = \frac{1}{2}\beta$.

Es folgt $\gamma' = \frac{1}{2}(\alpha + \beta)$.

Nach Aufgabe 3.4.6 ist das Dreieck $S_a S_b S_c$ dasselbe wie dasjenige Dreieck, das von den
Schnittpunkten der Winkelhalbierenden mit Umkreis gebildet wird. Daher lassen sich
die Winkel auch wie in Aufgabe 3.2.5 bestimmen.

Aufgabe 3.5.1: Beim rechtwinkligen Dreieck fallen zwei Höhen mit den Katheten zusammen.

Aufgabe 3.5.2: Liegt H innen, so liegen auch die
Höhenfußpunkte A', B' C' innen, die Winkel α, β,
γ liegen in den rechtwinkligen Dreiecken AC'C,
BA'A und CB'B und müssen daher spitz sein. Ist
also ein Winkel stumpf, kann H nicht innen liegen.

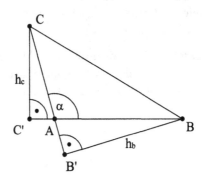

Man kann auch direkt argumentieren (siehe Figur):
Der stumpfe Winkel α kann kein Winkel in den
Dreiecken ACC' und BAB' sein, da diese rechtwinklig sind. Daher liegen die Höhen h_a und h_b
und auch ihr Schnittpunkt H außerhalb des Dreiecks.

Aufgabe 3.5.3:

a)

1) Parallele zu AB im Abstand h_c mit dem freien Schenkel von α schneiden.

2) Kontrolle: b = 7,8 cm

3) Zwei nicht parallele Geraden, genau ein Schnittpunkt

4) Wegen $\alpha > 0°$ immer genau ein Schnittpunkt

b)

1) Kreis zum Umfangswinkel 60° mit der Parallelen zu AB im Abstand h_c schneiden

2) Kontrolle: b = 10,3 cm

3) Zwei Schnittpunkte, zwei zueinander kongruente Dreiecke

4) Bei h_c < r zwei Dreiecke, bei h_c = r ein Dreieck, bei h_c > r kein Dreieck

c)

1) C liegt auf einer Parallelen zu AB im Abstand h_c und auf einem Kreis um B mit Radius a

2) Kontrolle: b_1 = 3,6 cm; b_2 = 8,8 cm

3) Zwei Schnittpunkte, zwei nicht zueinander kongruente Dreiecke

4) Bei a > h_c zwei nicht zueinander kongruente Dreiecke, bei a = h_c ein Dreieck, bei a < h_c kein Dreieck.

Die Nicht-Kongruenz im ersten Fall ergibt sich allgemein aus der Verschiedenheit der Winkel bei B.

d)

Vgl. Beispiel, wobei die zyklische Vertauschung a $\to$ b $\to$ c $\to$ a auszuführen ist. Es liegt genau der dortige Fall vor. Kontrolle: c_1 = 1,7 cm; c_2 = 8,9 cm

e)

Vgl. Beispiel. Es liegt der Fall a $\geq$ h_b und a $\geq$ c vor. Kontrolle: b = 8,2 cm

f)

1) Die Höhenfußpunkte A' bzw. B' liegen auf dem Thaleskreis über $\overline{AB}$ und dem Kreis um A mit Radius h_a bzw. dem Kreis um B mit Radius h_b; damit ist C Schnittpunkt von AB' und BA'.

2) vgl. 1); Kontrolle: a = 6,4 cm

3) genau ein Dreieck

4) es gibt immer genau ein Dreieck, da AB' und BA' nicht parallel sein können. Liegt B' auf dem Thaleskreis zwischen A und A', liegt C außerhalb des Thaleskreises und das Dreieck ist spitzwinklig. Liegt A' zwischen A und B', ist das Dreieck stumpfwinklig, gilt A' = B', ist es rechtwinklig.

Aufgabe 3.5.4: Höhenschnittpunkte von ΔHAB, ΔHBC bzw. ΔHCA sind C, A bzw. B. Ausnahme ist das rechtwinklige Dreieck. Bei $\gamma = 90°$ gilt H = C, so dass ΔHBC und ΔHCA nicht existieren. ΔHAB stimmt mit ΔABC überein.

Aufgabe 3.5.5: a) C' sei der gemeinsame Endpunkt von h_c und w_γ auf der Seite $\overline{AB}$. Nach WSW gilt $\Delta AC'C \cong \Delta BC'C$. Daraus folgt b = a.

b) Da h_c auf m_{AB} liegt, geht m_{AB} durch C. Nach SWS folgt $\Delta AC'C \cong \Delta BC'C$ und b = a.

c) Nach SSW_g gilt $\Delta AA'B \cong \Delta BB'A$, also $\beta = \alpha$. Aus Gleichwinkligkeit folgt Gleichschenkligkeit (Satz 2.4.2).

Aufgabe 3.5.6: a) Die Winkel des Höhenfußpunktdreiecks bei A', B', C' seien α', β', γ' (Fig. 3.5.3). Es gilt $\gamma' = 2\alpha_1$. In $\Delta AA'C$ liest man ab: $\alpha_1 = 90° - \gamma$. Daher gilt $\gamma' = 180° - 2\gamma$. Entsprechend gilt $\beta' = 180° - 2\beta$ und $\alpha' = 180° - 2\alpha$.

Zur Kontrolle kann man die Winkelsumme berechnen:

$\alpha' + \beta' + \gamma' = 3 \cdot 180° - 2 \cdot (\alpha + \beta + \gamma) = 180°$

b) Das Ausgangsdreieck sei ABC. Das Höhenfußpunktdreieck ist

(1) gleichschenklig, wenn ΔABC gleichschenklig ist; denn $\alpha' = \beta'$ ist gleichwertig mit $\alpha = \beta$.

(2) gleichseitig, wenn ΔABC gleichseitig ist; vgl. (1).

(3) rechtwinklig, wenn ΔABC einen 45°-Winkel hat, denn $\alpha' = 90°$ ist gleichwertig mit $\alpha = 45°$.

(4) rechtwinklig-gleichschenklig, wenn ΔABC gleichschenklig ist mit einem 45°-Winkel an der Spitze und Basiswinkeln von $67\frac{1}{2}°$.

(5) gleichseitig, wenn es mit ΔABC winkelgleich ist (und dieses ist dann ebenfalls gleichseitig).

Beweis: Je nachdem, welche Winkel übereinstimmen sollen, sind im Wesentlichen drei Fälle zu unterscheiden:

1. Fall: $\alpha' = \alpha$; $\beta' = \beta$; $\gamma' = \gamma$

2. Fall: $\alpha' = \alpha$; $\beta' = \gamma$; $\gamma' = \beta$

3. Fall: $\alpha' = \beta$; $\beta' = \gamma$; $\gamma' = \alpha$

Diese Fälle führen auf folgende Winkelgrößen in ΔABC:

1. Fall: $\alpha = 60°$; $\beta = 60°$; $\gamma = 60°$

2. Fall: $\alpha = 60°$;

Lineares Gleichungssystem

$180° - 2\beta = \gamma$; $180° - 2\gamma = \beta$ mit der Lösung $\beta = 60°$; $\gamma = 60°$

3. Fall: Lineares Gleichungssystem

$180° - 2\alpha = \beta$; $180° - 2\beta = \gamma$; $180° - 2\gamma = \alpha$ mit der Lösung $\alpha = 60°$; $\beta = 60°$; $\gamma = 60°$

Winkelgleichheit tritt also nur auf, wenn ΔABC gleichseitig ist.

Aufgabe 3.5.7: In den Eckpunkten die Senkrechten auf die Winkelhalbierenden von $\Delta A'B'C'$ errichten und zum Schnitt bringen.

Kontrolle: a = 9,0 cm; b = 9,3 cm; c = 7,5 cm

Aufgabe 3.5.8: Liegt bei C ein stumpfer Winkel, bleibt nur h_c eine Winkelhalbierende des Höhenfußpunktdreiecks. Die Verlängerungen von h_a bzw. h_b werden zu äußeren Winkelhalbierenden des Höhenfußpunktdreiecks.

Die Dreiecke ABC, HAB, HBC und HCA (vgl. Aufgabe 3.5.4) haben dasselbe Höhenfußpunktdreieck. Genau eines dieser vier Dreiecke ist spitzwinklig. Auf seinen Seiten liegen die Eckpunkte des Höhenfußpunktdreiecks, und seine Höhen sind (innere!) Winkelhalbierende des Höhenfußpunktdreiecks, und nur in diesem einen spitzwinkligen Dreieck gilt die Winkelbeziehung aus Aufgabe 3.5.6.

Aufgaben aus Kapitel 4

Aufgabe 4.1.1 und 4.1.2: Die Lösungen ergeben sich vollkommen analog zu den Folgerungen aus Fig. 4.1.2.

Aufgabe 4.1.3: Als Maßeinheiten sind alle gemeinsamen Teiler von 4400 und 55 geeignet: 55 mm, 11 mm, 5 mm und 1 mm. Die Längen $\frac{5}{7} \cdot e$ und $\frac{4}{9} \cdot e$ stehen im Verhältnis 45 : 28. Zwei Längen $\frac{a}{b} \cdot e$ bzw. $\frac{c}{d} \cdot e$ stehen im Verhältnis $a \cdot d : c \cdot d$.

Aufgabe 4.1.4: Nach Satz 4.1.1 und Folgerung 4.1.2 gilt $|ZA| : |ZB| = |ZA^*| : |ZB^*|$ und $|ZA| : |AB| = |ZA^*| : |A^*B^*|$. Daraus folgt nach einfacher Rechnung die Behauptung.

Aufgabe 4.1.5: Nach Folgerung 4.1.2 ist: $|AB| : |CD| = |ZB| : |ZD|$ und $|PQ| : |RS| =$

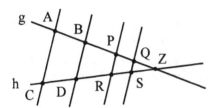

$|ZQ| : |ZS|$. Aus dem ersten Strahlensatz folgt $|ZB| : |ZD| = |ZQ| : |ZS|$. Daraus ergibt sich $|AB| : |CD| = |PQ| : |RS|$. Die weiteren Fälle hinsichtlich der Lage der Parallelen bezüglich Z werden genau so behandelt.

Aufgabe 4.1.6: In Fig. 4.1.8 ist nach Voraussetzung $|BZ| : |AZ| = |BB^*| : |CB^*|$ und $|CB^*| = |AA^*|$. Daraus folgt $|BZ| : |AZ| = |BB^*| : |AA^*|$ und $|ZA| : |ZB| = |AA^*| : |BB^*|$.

Aufgabe 4.1.7: In Fig. 4.1.14 ist $|AC| : |AB| = |CE| : |BD|$. Mit x für die Länge der Strecke $\overline{AB}$ gilt $(x + 25,5) : x = 19,8 : 8,3$. Daraus folgt $x = 18,4$ m.

Aufgabe 4.1.8: In Fig. 4.1.15 ist $|BE| : |BC| = |AE| : |AD|$. Mit x für die Länge der Strecke $\overline{AD}$ folgt $0,18 : 0,8 = 1,52 : x$ und daraus $x = 6,8$ m.

Aufgabe 4.1.9: Man zeichnet eine Parallele zu g im Abstand von zwei Einheiten sowie

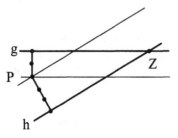

eine Parallele zu h im Abstand von drei Einheiten so, dass sie sich im Inneren des von g und h gebildeten Winkels schneiden. Dieser Schnittpunkt ist der gesuchte Punkt P. Für die Punkte der Geraden PZ ergibt sich aus dem zweiten Strahlensatz das gleiche Abstandsverhältnis 2:3 zu g und h.

Aufgabe 4.1.10: In Fig. 4.1.17 ist AB ∥ A*B* und BC ∥ B*C*. Nach dem ersten Strahlensatz ist damit |ZA| : |ZA*| = |ZB| : |ZB*| =|ZC| : |ZC*|. Aus der Umkehrung des ersten Strahlensatzes folgt AC ∥ A*C*.

In Fig. 4.1.18 ist AB ∥ A*B* und BC ∥ B*C*. Nach dem Kongruenzsatz SWS sind die Dreiecke ABC und A*B*C* kongruent. Aus der Kongruenz der Winkel ∠ACB und ∠A*C*B* folgt die Parallelität der Geraden AC und A*C*.

Aufgabe 4.2.1: Durch die Vorgabe des Zentrums Z, des Punktes A ≠ Z und dessen Bildpunktes A′ auf der Geraden ZA ist der Streckfaktor k eindeutig bestimmt. Damit kann zu jedem Punkt B der Bildpunkt B′ eindeutig angegeben werden.

Im Fall k = 1 wird jeder Punkt der Ebene auf sich selbst abgebildet, es liegt die Identität vor.

Im Fall k ≠ 1ist Z der einzige Fixpunkt. Alle Geraden durch Z sind Fixgeraden.

Aufgabe 4.2.2: Z sei das Zentrum der Streckung, A und B seien zwei verschiedene Punkte der Ebene. Wenn einer der beiden Punkte, z.B. A, mit Z zusammenfällt, ist A = A′ = Z und wegen B ≠ Z auch B′ ≠ Z.

A und B seien jetzt von Z verschieden. Wir nehmen an, es sei A′= B′. Aus |ZA′| = k |ZA| und |ZB′| = k |ZB| folgt |ZA| = |ZB|. Dies lässt noch die Möglichkeit zu, dass Z der Mittelpunkt von $\overline{AB}$ ist. Dann lägen aber A′ und B′ auf verschiedenen Halbgeraden. Also bleibt nur A = B im Widerspruch zur Voraussetzung. Damit ist A′ = B′ widerlegt.

Die Umkehrabbildung ist die zentrische Streckung mit Zentrum Z und Streckfaktor $\frac{1}{k}$.

Aufgabe 4.2.3: Man bildet zuerst wie in Beispiel 4.2.1 von A und A′ ausgehend einen Hilfspunkt B auf B′ ab. Anschließend bildet man mit Hilfe von B und B′ völlig analog C auf C′ ab.

Aufgabe 4.2.4: In Fig.4.2.11 sind die drei eingetragenen Winkel Wechselwinkel an parallelen Geraden und folglich gleich groß.

Aufgabe 4.2.5: Das Vieleck V_1 wird durch eine Punktspiegelung an Z auf $V_2′$ abgebildet und anschließend durch eine zentrische Streckung auf V_2 abgebildet. Folglich sind V_1 und V_2 zueinander ähnlich.

Aufgabe 4.2.6: Zu Satz 4.2.5:
In Fig. 4.2.15 sei $a_1 : c_1 = a_2 : c_2$ und $\alpha_1 = \alpha_2$. Die Dreiecke $A_1B′C′$ und $A_2B_2C_2$ stimmen in zwei Seiten und dem Winkel, welcher der jeweils größeren der beiden gegenüberliegt, überein. Nach dem Kongruenzsatz SSW_g sind beide Dreiecke zueinander kongruent, d.h. die Dreiecke $A_1B_1C_1$ und $A_2B_2C_2$ sind zueinander ähnlich.
Zu Satz 4.2.6:
In Fig. 4.2.15 sei $\alpha_1 = \alpha_2$ und $\beta_1 = \beta_2$. Wegen $c′ = c_2$ folgt nach dem Kongruenzsatz WSW, dass die Dreiecke $A_1B′C′$ und $A_2B_2C_2$ zueinander kongruent sind, d.h. die Dreiecke $A_1B_1C_1$ und $A_2B_2C_2$ sind zueinander ähnlich.

Aufgabe 4.2.7: Die Dreiecke ADC und BEC stimmen in allen drei Winkeln überein und

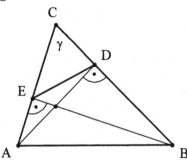

sind demnach zueinander ähnlich. Dann ist
$|CE| : |CB| = |CD| : |CA|$ und daraus ergibt
sich $|CA| : |CB| = |CD| : |CE|$. Nach dem
Ähnlichkeitssatz SWS sind die Dreiecke
ABC und DEC zueinander ähnlich.

Aufgabe 4.2.8: zu a):
Man zeichnet ein Dreieck ABC mit $b = 4$ cm, $c = 5$ cm und $\alpha = 50^0$. Von der Ecke A aus
fällt man das Lot auf die Seite a und trägt auf diesem Lot von A aus h_a mit der Länge
6 cm ab. Der Endpunkt dieser Strecke sei D. Schließlich streckt man das Dreieck ABC von
A aus so, dass das Bild a′ der Seite a durch D geht.
zu b): Die Konstruktion verläuft analog zur vorigen. Man zeichnet ein Dreieck ABC mit
$\alpha = 120^0$ und $\beta = 35^0$. Das Dreieck ABC wird von A aus so gestreckt, dass die Länge von
s_a 5,5 cm beträgt.

Aufgabe 4.2.9: Ein Kreis K_1 kann stets durch eine Verschiebung und eine zentrische Streckung auf einen Kreis K_2 abgebildet werden. Das Analoge gilt für regelmäßige n- Ecke,
die durch eine Kongruenzabbildung und eine zentrische Streckung aufeinander abgebildet
werden können.

Aufgabe 4.2.10: In Fig. 4.2.21 fallen die Seitenhalbierenden des Dreiecks ABC mit denen
seines Mittendreiecks DEF zusammen. Sie schneiden sich in einem Punkt Z. Wenn man
das Mittendreieck DEF von Z aus mit dem Faktor -2 streckt, erhält man das Dreieck ABC.

Aufgabe 4.2.11: Zwei rechtwinklige Dreiecke sind zueinander ähnlich, wenn ihre Kathe-
tenlängen im gleichen Verhältnis stehen. Zwei gleichschenklige Dreiecke sind zueinander
ähnlich, wenn die Innenwinkel der Dreiecke, die von den gleich langen Schenkeln gebildet
werden, gleich groß sind.

Aufgabe 4.2.12: Die Abbildung zeigt zwei Drachen, deren Diagonalen paarweise gleich

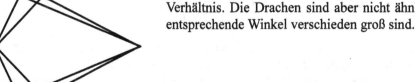

lang sind. Folglich stehen die Diagonalen im gleichen
Verhältnis. Die Drachen sind aber nicht ähnlich, weil
entsprechende Winkel verschieden groß sind.

Aufgabe 4.2.13: Siehe Lösungshinweis in Kap. 4.2. Es entstehen zwei zueinander ähnliche Dreiecke mit gemeinsamem Eckpunkt Z.

Aufgabe 4.2.14 Die Seitenlängen stehen bei jedem Format im Verhältnis $1 : \sqrt{2}$. Daher sind alle Formate zueinander ähnlich. Der Streckfaktor beim Übergang vom Format A_i zum Format A_{i+1} ist $1/\sqrt{2}$. Das Format A8 hat die Maße 52 x 74.

Aufgabe 4.2.15 Die beiden Vielecke sind zueinander ähnlich und entsprechende Seiten

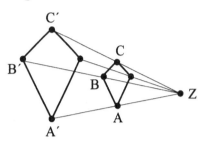

sind zueinander parallel. Da die Vielecke nicht kongruent sind, schneiden sich die Geraden AA′ und BB′ in einem Punkt Z. Bei der zentrischen Streckung von Z aus mit dem Streckfaktor $k = |ZA'| : |ZA|$ wird die Strecke $\overline{AB}$ auf die Strecke $\overline{A'B'}$ abgebildet und dabei ist $|A'B'| = k \cdot |AB|$. C* sei das Bild von C unter $S_{Z,k}$. C* liegt auf der Parallelen zu BC durch B′ und es gilt $|B'C^*| = k \cdot |BC|$. Der Punkt C′ hat dieselben Eigenschaften wie C*. Also gilt C′= C*, d.h. C′ liegt auf der Geraden ZC. Das Analoge gilt für alle weiteren Ecken der Vielecke.

Aufgabe 4.2.16 Jedes Vieleck ist zu sich selbst ähnlich, weil die Identität eine Ähnlichkeitsabbildung ist. (Reflexivität)
Ist das Vieleck V_1 ähnlich zum Vieleck V_2, so gibt es eine Ähnlichkeitsabbildung φ, die V_1 auf V_2 abbildet. Jede Ähnlichkeitsabbildung ist als Verkettung von Kongruenzabbildungen und zentrischen Streckungen umkehrbar. V_2 wird durch die Umkehrabbildung φ^{-1} auf V_1 abgebildet, d.h. V_2 ist ähnlich zu V_1. (Symmetrie)
Wenn V_1 ähnlich zu V_2 und V_2 ähnlich zu V_3 ist, dann liefert das Hintereinanderausführen der beiden zugehörigen Ähnlichkeitsabbildungen wieder eine Ähnlichkeitsabbildung und V_1 ist ähnlich zu V_3. (Transitivität)

Aufgabe 4.3.1 Die erste Skizze dient als Planfigur. Wir gehen von dem Fall aus, dass sich g und $\overline{PQ}$ wie in der Skizze dargestellt in einem Punkt S schneiden.

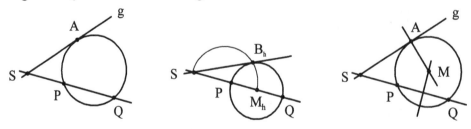

Der gesuchte Kreis geht durch P und Q und berührt g in A. |SA| ist die mittlere Proportionale von |SP| und |SQ|. Kennt man |SA|, so auch den Berührpunkt A. Der Mittelpunkt M des gesuchten Kreises ergibt sich dann als Schnittpunkt der Senkrechten zu g durch A und der Mittelsenkrechten von $\overline{PQ}$. Die zweite Skizze zeigt die Hilfskonstruktion der mittleren Proportionalen $|SB_h|$ von |SP| und |SQ| in Anlehnung an Beispiel 4.3.1.
Mit $|SA| = |SB_h|$ zeigt schließlich die dritte Skizze die Konstruktion des gesuchten Mittelpunktes M.

Die Konstruktion des Berührpunktes A vereinfacht sich, wenn g parallel zu PQ ist (erste Skizze) oder wenn g senkrecht zu PQ ist (zweite Skizze).

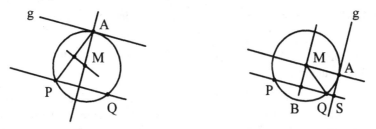

Im ersten Fall schneidet die Mittelsenkrechte von $\overline{PQ}$ die Gerade g senkrecht im Punkt A. A ist der Berührpunkt des gesuchten Kreises. Der Schnittpunkt der Mittelsenkrechten von $\overline{PQ}$ mit der Mittelsenkrechten von $\overline{AP}$ ist der Mittelpunkt des gesuchten Kreises.

Im zweiten Fall sei B der Mittelpunkt von $\overline{PQ}$. Dann ist $\overline{BS}$ der Radius des gesuchten Kreises. Seinen Mittelpunkt erhält man als Schnittpunkt der Mittelsenkrechten von $\overline{PQ}$ mit dem Kreis mit Radius $|BS|$ um Q.

Aufgabe 4.3.2: Die mittlere Proportionale aus a und b ist die Seite des gesuchten Quadrates.

Aufgabe 4.3.3: Wir gehen aus vom Winkel mit dem Scheitel Z und den Schenkeln g_Z

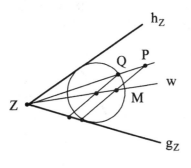

und h_Z sowie dem Punkt P im Inneren des Winkels. w sei die Winkelhalbierende des Winkels. Wir konstruieren einen beliebigen Kreis, der die beiden Schenkel des Winkels berührt. Sein Mittelpunkt liegt auf w. Der Schnittpunkt des Kreises mit der Geraden ZP ist Q. Schließlich strecken wir den Kreis von Z aus mit dem Faktor $k = |ZP| : |ZQ|$ und erhalten den gesuchten Kreis durch P mit Mittelpunkt M.

Aufgabe 4.3.4: In Fig. 4.3.7 besitzt das Dreieck ABC bei C einen rechten Winkel. Die Dreiecke ABC, CBE und ACB stimmen in allen Winkeln überein und sind zueinander ähnlich. Folglich ist $|CE| : |AE| = |BE| : |CE|$ oder $|CE|^2 = x \cdot y$, d.h. $\overline{CE}$ stellt das geometrische Mittel aus x und y dar.

Wegen $|AM| = \frac{1}{2} \cdot (x + y)$ stellt der Radius des Kreises das arithmetische Mittel dar. Da $|CE| \leq |AM|$ ist das geometrische Mittel kleiner oder gleich dem arithmetischen Mittel.

Aufgaben aus Kapitel 5

Aufgabe 5.1.1: 4! = 24 Anordnungen; 3 Vierecke; zu jedem gehören 8 Anordnungen, da der Zyklus mit vier Punkten beginnen und zwei Umlaufungsrichtungen haben kann.

Aufgabe 5.1.2: Nein; z. B. können überschlagene Rechtecke alle Winkelsummen zwischen 0° und 360° annehmen.

Aufgabe 5.1.3: Viermal Winkelsumme des Dreiecks abzüglich eines Vollwinkels
Beim nichtkonvexen Viereck ist nicht jeder innere Punkt als Zentrum einer Zerlegung in vier Dreiecke geeignet. Dass es überhaupt solche Punkte gibt, müsste im Prinzip bewiesen werden. Da dieser Beweis überraschend schwierig ist, muss man sich hier notgedrungen auf die Anschauung stützen.

Aufgabe 5.1.4: Nach Konstruktion der Eckpunkte A, B, C wird um B ein Kreis mit Radius b und um D ein Kreis mit Radius c geschlagen.
a) Zwei Schnittpunkte, aber nur einer im Winkelfeld von ∠BAD, also nur eine Lösung
Kontrolle: $\gamma = 59{,}3°$
b) Zwei Schnittpunkte, beide im Winkelfeld von ∠BAD, also zwei Lösungen; konvexes und nichtkonvexes Viereck
Kontrolle: $\gamma_1 = 118{,}2°$; $\gamma_2 = 241{,}8°$
c) Kein Schnittpunkt, also keine Lösung

Aufgabe 5.1.5: a) Kontrolle: d = 5,0 cm
b) Gilt $\beta < 180°$ und $\gamma < 180°$, gibt es immer genau eine Lösung.
Gilt $\beta > 180°$ und $\beta + \gamma < 360°$, sind zwei Fälle möglich: genau eine Lösung (nämlich ein nicht-konvexes Viereck) oder ein überschlagenes Viereck (also keine Lösung im strengen Sinn).
Gilt $\beta + \gamma \geq 360°$, gibt es keine Lösung.

Aufgabe 5.1.6: a) Konstruktion (siehe Figur): Seite $\overline{AB}$; Winkel α; beliebiger Punkt D' auf dem freien Schenkel; dort den Winkel 80° antragen, auf dessen freiem Schenkel eine Strecke der Länge c mit Endpunkt C'; durch C' Parallele zu AD'; Kreis mit Radius b um B; mit der Parallelen schneiden; Schnittpunkt C.
Es ergibt sich im Winkelfeld von ∠BAD ein einziger Schnittpunkt, also nur eine Lösung.
Kontrolle: d = 11,6 cm
b) Der Kreis um B kann die o. g. Parallele in zwei Punkten innerhalb des Winkelfelds oder auch gar nicht schneiden. Es gibt dann zwei Lösungen bzw. keine Lösung.

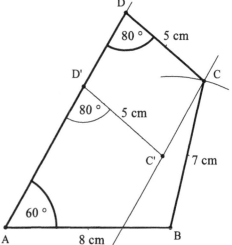

Aufgabe 5.1.7: Nach Konstruktion der Eckpunkte B, C, D wird ein Dreieck A'BD mit α' = α konstruiert (vgl. Beispiel 3.4.1). Der Eckpunkt A liegt auf dem A' enthaltenden Umkreisbogen von ∆A'BD und zugleich auf dem Kreis um A mit Radius a. Es kann zwei Lösungen, genau eine oder keine Lösung geben.

Aufgabe 5.1.8: Zuerst ∆ABC konstruieren, dann ∆BCD. Da die Kreise um B bzw. C mit den Radien f bzw. c schneiden sich in zwei Punkten. Nur einer dieser Punkte liegt im Winkelfeld von ∠CBA. Es gibt also genau eine Lösung.
Kontrolle: d = 6,9 cm

Aufgabe 5.1.9: Geschlossener Streckenzug aus n Strecken , der die Punkte verbindet
Konvex: Kein Punkt liegt im Inneren eines aus drei anderen Punkten gebildeten Dreiecks.
Nichtkonvex: Mindestens ein Punkt liegt im Inneren eines aus drei anderen Punkten gebildeten Dreiecks.

Aufgabe 5.1.10: $\dfrac{1}{2}(n-1)!$

Aufgabe 5.1.11: Das kleinste konvexe Vieleck, das sich um die Punkte legen lässt, kann ein
(1) Fünfeck,
(2) Viereck
(3) Dreieck
sein (siehe Figur).
Fünf Punkte lassen sich auf 12 Arten zu einem Fünfeck verbinden.
Man überzeugt sich experimentell (am besten mit einem DGS, das gleichzeitiges Verziehen von kongruenten Exemplaren des Punktequintetts erlaubt) von folgendem Sachverhalt:
Die Anzahlen a_k, a_{nk} bzw. $a_{\ddot{u}}$ der konvexen, der nichtkonvexen bzw. der überschlagenen Fünfecke innerhalb der 12 Möglichkeiten haben die in der Tabelle zusammengestellten Werte.

Konfiguration	a_k	a_{nk}	$a_{\ddot{u}}$
(1)	4	0	8
(2)	0	4	8
(3)	0	8	4

Aufgabe 5.1.12: Das Teilviereck ABCE ist leicht konstruierbar. Den Eckpunkt D findet man mit Hilfe des Umfangswinkelsatzes, angewendet auf die Diagonale $\overline{CE}$ als Sehne.
Kontrolle: d = 5,3 cm

Aufgabe 5.1.13: Die Strecken a, c, d und die Winkel α, β, γ, ε sind gegeben. Nach Konstruktion von A und B wird in B eine Halbgerade h unter dem Winkel β angetragen. In einem beliebig gewählten Punkt auf h wird eine Strecke der Länge c unter dem Winkel γ angetragen und durch ihren zweiten Endpunkt eine Parallele zu h konstruiert. Analog wird eine Parallele zum freien Schenkel des Winkels α konstruiert. Der Schnittpunkt der zwei Parallelen ist der gesuchte Eckpunkt D.

Man könnte auch den Winkel δ berechnen und damit zuerst C, D, E konstruieren. Eine Parallele zum freien Schenkel des Winkels ε wird analog zur oben beschriebenen Parallelen zu h konstruiert. Ihr Schnittpunkt mit dem freien Schenkel des Winkels γ liefert den Eckpunkt B.

Aufgabe 5.1.14: Ein Fünfeck konstruiert man am einfachsten durch Vorgabe einer "Kette" a, β, b, γ, c, δ, d von vier Seiten und drei Winkeln, also von sieben "Stücken". Für das Sechseck braucht zwei Stücke mehr, also neun.

Für das Dreieck braucht man drei Stücke, für jede weitere Ecke kommen zwei Stücke hinzu. Also braucht man für das n-Eck $3 + 2(n - 3) = 2n - 3$ Stücke.

Es ist hier unwesentlich, dass man Stücke auch in anderen Konfigurationen als der Kette vorgeben kann. Bestimmt die Konfiguration das n-Eck, so sind auch die $2n - 3$ Stücke einer Kette bestimmt, und mit weniger Stücken genügen dafür nicht. Also sind $2n - 3$ Stücke nötig. Das bedeutet aber nicht, dass jede Konfiguration aus $2n - 3$ Stücken das n-Eck eindeutig festlegt. Schon beim Viereck kann es zu gegebenen vier Seiten und einem Winkel eine konvexe und eine nichtkonvexe Form geben.

Eine ganz andere Begründung ergibt sich aus der analytischen Geometrie: n Punkte sind durch 2n Koordinaten festgelegt. In der Elementargeometrie kommt es aber nicht auf die Lage in der Ebene, sondern nur auf Form und Größe an. Damit sind ein Eckpunkt (also zwei Koordinaten) und die Richtung einer Seite frei wählbar. Damit fallen drei Bedingungen weg, so dass $2n - 3$ Vorgaben übrig bleiben.

Aufgabe 5.1.15: a) $W_n = (n - 2)\cdot180°$
b)
(1) Zerlegung durch $(n - 2)$ Diagonalen in $(n - 2)$ Dreiecke
(2) Zerlegung von einem inneren Punkt aus in n Dreiecke, Vollwinkel subtrahieren
(3) Abschneiden einer konvexen Ecke erzeugt ein $(n - 1)$-Eck, für das nach Induktionsannahme $W_{n-1} = (n - 3)\cdot180°$ gilt;
Induktionsanfang $W_3 = 180°$; also $W_n = W_{n-1} + W_3 = (n - 2)\cdot180°$
(4) Ausfüllen einer nicht-konvexen Ecke durch ein Dreieck
c) Die Existenz der ersten zwei Zerlegungen ist nur für das konvexe Vieleck gesichert. Die dritte Zerlegung bedingt, dass mindestens eine konvexe Ecke vorhanden ist. Das trifft zwar zu, ist aber beweisbedürftig. Weiterhin kann die Diagonale, die das Dreieck abschneidet, von Seiten des n-Ecks geschnitten werden.
Dasselbe kann dem Ausfüllen entgegenstehen.
d) $W_6 = W_4 - 2W_3 + 2\cdot360° = (2 - 2\cdot1 + 4)\cdot180° = (6 - 2)\cdot180°$
Der Summand $2\cdot360°$ steht für die zwei Vollwinkel in C und F.
e) Ist das Vieleck konvex, wird eine Ecke abgeschnitten; Weiteres siehe b)

Ist das n-Eck V nichtkonvex, wird das kleinste konvexe Vieleck V* herumgelegt. Dessen Eckenzahl sei r. In der Figur ist $n = 12$ und $r = 5$. Im Innern von V* liegen $s = n - r$ Ecken von V. Das Vieleck V* entsteht aus V durch Ergänzung. Man betrachte ein solches Ergänzungsvieleck V'. Die Anzahl seiner inneren Ecken sei s', die gesamte Eckenzahl ist also $s' + 2$. Seine Winkelsumme ist damit $s'\cdot180°$.

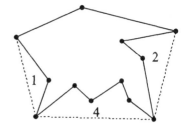

In der Figur auf Seite 134 sind die Anzahlen s' eingetragen. Die gesamte Winkelsumme der ergänzenden Vielecke beträgt also $s \cdot 180°$. Subtrahiert man diese von W_r und addiert $s \cdot 360°$, so erhält man die Winkelsumme von V. Es gilt also:

$$W_n = W_r - s \cdot 180° + s \cdot 360° = (r - 2 - s + 2s) \cdot 180°$$
$$= (r + s - 2) \cdot 180°$$
$$= (n - 2) \cdot 180°$$

Es handelt sich hier übrigens um einen Induktionsbeweis, genauer einen Beweis durch sog. Abschnittsinduktion: $W_3 = (3 - 1) \cdot 180°$ ist klar; das im Induktionsschritt auftretende Vieleck V* und die ergänzenden Vielecke haben alle weniger als n Ecken, so dass die Induktionsvoraussetzung greift.

Aufgabe 5.1.16: Nach Aufgabe 5.1.15 kann die Anzahl der nichtkonvexen Ecken, also der Ecken mit überstumpfen Winkeln, nicht größer sein als $n - 3$. Gäbe es mehr solche Winkel, würde nämlich die Winkelsumme $(n - 2) \cdot 180°$ überschritten.
Die Anzahl $n - 3$ ist erreichbar, beispielsweise so: A_1, A_2, A_3 seien drei aufeinander folgende Eckpunkte eines Quadrats, P der vierte Eckpunkt. Um P wird ein Viertelkreis mit den Endpunkten A_1 und A_3 konstruiert. Auf diesem werden aufeinander folgende Punkte A_4, A_5, ..., A_n gewählt. Das n-Eck $A_1...A_n$ hat in diesen $n - 3$ Punkten überstumpfe Winkel.

Aufgabe 5.1.17: Die Drehwinkel für das konvexe Viereck sind $180° - \alpha$, $180° - \beta$, $180° - \gamma$, $180° - \delta$. Ihre Summe ist $360°$. Daraus ergibt sich sofort $\alpha + \beta + \gamma + \delta = 360°$. Ist beispielsweise der Winkel β überstumpf, so ist eine Drehung um $\beta - 180°$ im negativen Drehsinn auszuführen. Die Gesamtdrehung ist aber weiterhin $360°$. Damit ergibt sich $180° - \alpha - (\beta - 180°) + 180° - \gamma + 180° - \delta = 360°$ und hieraus wieder $\alpha + \beta + \gamma + \delta = 360°$.

Aufgabe 5.1.18: Jetzt können mehrere überstumpfe Winkel auftreten. Nach Auflösen der entsprechenden Klammern (Aufgabe 5.1.17) ergibt sich aber wieder $n \cdot 180° - (\alpha_1 + \alpha_2 + ... + \alpha_n) = 360°$ und hieraus $\alpha_1 + \alpha_2 + ... + \alpha_n = (n - 2) \cdot 180°$.

Aufgabe 5.1.19: Zur Vorbereitung: Seiten- und Eckenzahl eines Vielecks stimmen überein. Das gilt insbesondere für den Rand des Vielecksnetzes, woraus $k* = e*$ folgt.

1. Summiert man die Winkelsummen $(n_i - 2) \cdot 180°$ der Vielecke V_i mit $i = 1, ... f$, so erhält man den Summand $2k' \cdot 180°$, weil die innen liegenden Kanten an je zwei Vielecken anliegen, den Summand $k \cdot 180°$, weil die außen liegenden Kanten an je einem Vieleck anliegen, und den Summand $- 2f \cdot 180°$, weil über alle f Flächen summiert wird.
2. Die zweite Art der Summation führt auf den Summand $e' \cdot 360°$, da in jeder inneren Ecke ein Vollwinkel liegt, und auf den Summand $(e* - 2) \cdot 180°$, weil die Winkel in den äußeren Ecken die Winkelsumme eines e*-Ecks ergeben.
Es gilt nun
$$(2k' + k* - 2f) \cdot 180° = e' \cdot 360° + (e* - 2) \cdot 180°$$
Man kürzt mit $180°$, addiert (!) links k* und rechts e*, wobei $k* = e*$ zum Tragen kommt, und beachtet $k' + k* = k$ sowie $e' + e* = e$. Das ergibt
$$2k - 2f = 2e - 2,$$
woraus die Behauptung folgt.

Die bewiesene Formel ist eine Nebenform der bekannten Formel f − k + e = 2 (LEON-
HARD EULER, 1707−1783).

Die Zahl 2 statt der Zahl 1 erklärt sich dadurch, dass bei der EULER'schen Polyederfor-
mel auch das so genannte Außengebiet mitzuzählen ist. Der ursprüngliche Bezug auf
Polyeder (ebenflächig begrenzte Körper) erklärt die Benennungen. Im übrigen ist diese
Formel Gegenstand der Topologie und gilt auch dann, wenn die Kanten des Netzes nicht
geradlinig sind.

Für das Vielecksnetz aus Fig. 5.1.8 gilt f = 9, k = 24, e = 16, also f − k + e = 1.

Aufgabe 5.2.1: Parallelogramm: $\alpha + \beta = 180°$; $\alpha = \gamma$ (Stufenwinkel, Nebenwinkel);
a = c nach WSW für $\triangle$ABD und $\triangle$CDB; b = d

Drachen mit Symmetrieachse $\overline{AC}$: $\beta = \delta$ nach SSS

Gleichschenkliges Trapez mit $\overline{AB} \parallel \overline{CD}$: $\alpha + \delta = 180°$ und $\beta + \gamma = 180°$ (Stufenwinkel,

Nebenwinkel); o. B. d. A: $\alpha = \beta$; Lote von C und D auf $\overline{AB}$ mit Fußpunkten C' bzw. D';
Abstände $|CC'| = |DD'|$; $\triangle$C'BC $\cong$ $\triangle$D'AD nach WSW; damit b = d.

Aufgabe 5.2.2: Rechteck: Ja; nach Aufgabe 5.2.1 folgt aus $\alpha = 90°$, dass auch die anderen Winkel rechte sind.

Gleichschenkliges Trapez: Nein, mit dieser Definition wäre auch jedes Parallelogramm
ein gleichschenkliges Trapez.

Aufgabe 5.2.3: a) D(3 | 8); E(5 | 2); F(15 | 4)

b) A, B, C sind Seitenmitten von $\overline{DE}$, $\overline{EF}$, $\overline{FD}$.

Aus der Definition des Parallelogramms folgt $\overline{AD} \parallel \overline{BC} \parallel \overline{EA}$, so dass A, D und E auf ei-
ner Geraden liegen, und außerdem $|AD| = |BC| = |EA|$, so dass A der Mittelpunkt von

$\overline{DE}$ ist. Analog sind B bzw. C die Mittelpunkte von $\overline{EF}$ bzw. $\overline{FD}$.

Aufgabe 5.2.4: Es gibt wie beim vierten Parallelogrammpunkt je drei Möglichkeiten. Je
nach Wahl der Punkte können nichtkonvexe und überschlagene Formen vorkommen.

Aufgabe 5.2.5: Sind P, Q, R bzw. S die Mittelpunkte der Seiten $\overline{AB}$, $\overline{BC}$, $\overline{CD}$ bzw. $\overline{DA}$,

so gilt $\overline{PQ} \parallel \overline{AC} \parallel \overline{RS}$ und $\overline{QR} \parallel \overline{BD} \parallel \overline{SP}$. Nach dem 1. Strahlensatz gilt außerdem

$|PQ| = \dfrac{1}{2}|AC|$ und $|QR| = \dfrac{1}{2}|BD|$.

Das Viereck PQRS heißt VARIGNON-Parallelogramm nach PIERRE DE VARIGNON (1654
− 1722).

Aufgabe 5.2.6: a) Gleichschenkliges Dreieck mit Basis $\overline{AC}$ und Basiswinkel $\dfrac{\alpha}{2}$; genau

eine Lösung.

b) $\overline{AB}$ mit m_{AB}; Kreis mit Radius e_1 um A; damit S; Gerade BS; Kreis um A mit Radius
d; keine, genau eine oder genau zwei Lösungen; und zwar zwei Lösungen, falls der
zweite Kreis die Gerade BS zweimal schneidet und S nicht zwischen den Schnittpunkten
liegt.

c) A und B aus rechtwinkligem Dreieck mit Kathete $\frac{f}{2}$ und Winkel $90° - \frac{\alpha}{2}$; C aus

$|AC| = e$; genau eine Lösung; der Drachen kann nichtkonvex sein

d) Kreisbogen über $\overline{AC}$ konstruieren, von dessen Punkten aus $\overline{AC}$ unter dem Winkel β erscheint (Umfangswinkelsatz); Kreisbogen schneiden mit Parallele zu $\overline{AC}$ im Abstand $\frac{f}{2}$; keine, einen oder zwei Schnittpunkte. Im Fall von zwei Schnittpunkten sind aber die Vierecke zueinander kongruent, sodass auch dann nur eine Lösung vorhanden ist.

Aufgabe 5.2.7: a) Aus (h2) folgt $\triangle ASD \cong \triangle BSC$ und $\triangle BSA \cong \triangle CSD$ nach SWS; Parallelitäten wegen Wechselwinkeln (Satz 2.4.6c))
Das Viereck sei ein Parallelogramm. Es gilt $\triangle ASD \cong \triangle CSB$ nach Aufgabe 5.2.1 und Satz 2.4.6c). Damit $e_1 = e_2$; analog $f_1 = f_2$

b) Wegen (h1) und (rw) ergeben sich zwei Paare kongruenter Dreiecke, hieraus Längengleichheiten von Seiten
Das Viereck sei ein Drachen mit a = d und b = c. Nach SSS folgt $\triangle ABC \cong \triangle ADC$ und nach WSW damit $\triangle ABS \cong \triangle ADS$. Damit gilt (h1), und wegen der Gleichheit von Winkel und Nebenwinkel bei S gilt auch (rw).

c) Wegen (h2) ist das Viereck ein Parallelogramm. Wegen (ab) hat $\triangle ABD$ den Umkreismittelpunkt S. Nach dem Satz des THALES (3.3.1) ist es rechtwinklig. Andere Argumentation: Die Diagonalen zerlegen in gleichschenklige Dreiecke; Winkel an Spitze und Basis betrachten
Das Viereck sei ein Rechteck. Damit ist es ein Parallelogramm; es gilt (h2). Nach der Umkehrung des Satzes von Thales (3.3.2), angewendet auf $\triangle ABC$, liegt B auf dem Halbkreis über $\overline{AC}$. Daraus folgt $e_1 = f_1$; analog $e_2 = f_2$, also (ab).

Aufgabe 5.2.8: Quadrat: alle fünf; Raute: (h2); (h1); (rw); gleichschenkliges Trapez: (gl); (ab)
Beweise durch Kongruenzen

Aufgabe 5.2.9: a) Aus (h2) folgt $e = 2e_1$ und $f = 2f_1$, aus (gl) e = f, also $e_1 = f_1$ und

$e_2 = f_2$, d. h. (ab).
b) Aus (h1) folgt o. B. d. A. $e_1 = e_2$, also mit (ab): $f_1 = e_1 = e_2 = f_2$; damit e = f, also (gl).

Aufgabe 5.2.10: Aus (h2) folgt (h1), aus (ab) folgt (gl), aus (h2) und (gl) folgt (ab), aus (h1) und (ab) folgen (gl) und (h2).
Damit reduziert sich die zunächst kombinatorisch gegebene Anzahl von 32 Fällen.
Die Vierecke mit (h2) sind Parallelogramme. Scheinbar sind dies 16 Typen. Da aus (h2) aber (h1) folgt, fallen die 8 Möglichkeiten mit "nicht (h1)" weg. Aus (h2) ergibt sich eine weitere Halbierung der Typenzahl, denn (gl) und (ab) sind dann äquivalent. Damit erhält man das Parallelogramm und seine drei Spezialfälle:
(h2): Parallelogramm; (h2) und (gl): Rechteck;
(h2) und (rw): Raute; (h2), (gl) und (ab): Quadrat

Die 16 Fälle, in denen (h2) nicht gilt, stehen in der folgenden Tabelle. In 10 Fällen ist die Auswahl durch Vierecke (darunter Drachen und gleichschenkliges Trapez) realisierbar, in 6 Fällen ergeben sich Widersprüche, so dass kein Viereck existiert. "1" bzw. "0" steht für Erfülltheit bzw. Nichterfülltheit.

(h1)	(gl)	(ab)	(rw)	Grund für Nichtexistenz	Viereck
1	1	1	1	Aus (h1) und (ab) folgt (h2).	
1	1	1	0	Aus (h1) und (ab) folgt (h2).	
1	1	0	1		Drachen mit gleich langen Diagonalen
1	0	1	1	Aus (h1) und (ab) folgt (h2).	
0	1	1	1		gleichschenkliges Trapez mit zueinander senkrechten Diagonalen
1	1	0	0		"schiefer Drachen" mit gleich langen Diagonalen
1	0	1	0	Aus (h1) und (ab) folgt (h2).	
1	0	0	1		Drachen
0	1	1	0		gleichschenkliges Trapez
0	1	0	1		Viereck mit gleich langen zueinander senkrechten Diagonalen
0	0	1	1	Aus (ab) folgt (gl).	
1	0	0	0		"schiefer Drachen"
0	1	0	0		Viereck mit gleich langen Diagonalen
0	0	1	0	Aus (ab) folgt (gl).	
0	0	0	1		Viereck mit zueinander senkrechten Diagonalen
0	0	0	0		bzgl. der Diagonalen allgemeines Viereck

Aufgabe 5.3.1: a) Umkreis von $\triangle ABD$; schneiden mit freiem Schenkel von β. Kontrolle: c = 3,0 cm

b) Kreis k; $\overline{AB}$; $\beta = 65°$ antragen; Schnittpunkt des freien Schenkels mit k ist C; um C Kreis mit Radius c; mit k schneiden. Von den zwei Schnittpunkten kommt nur derjenige in Betracht, der mit A, B, C ein nicht überschlagenes Viereck bildet. Kontrolle: b = 11,8 cm

c) $\triangle ABC$; Umkreis k; Kreis um C mit Radius c; mit k schneiden. Kontrolle: d = 2,7 cm

d) $\overline{AB}$; Winkel in A und B antragen; auf dem freien Schenkel von β Punkt C' wählen, dort Gerade unter dem Winkel γ' = γ = 180° − α = 80° antragen; auf dem freien Schenkel Strecke $\overline{C'D'}$ mit Länge c antragen; durch D' Parallele zu $\overline{BC'}$; deren Schnittpunkt mit dem freien Schenkel von α ist Eckpunkt D; durch D Parallele zu $\overline{C'D'}$; Schnittpunkt mit $\overline{BC'}$ ist Eckpunkt C.

Kontrolle: d = 5,5 cm

Aufgabe 5.3.2: Der Winkel im Schnittpunkt A' von w_α und w_β ist $\alpha' = 180° - \dfrac{\alpha}{2} - \dfrac{\beta}{2}$; entsprechend Winkel in B', C', D'. Diese oder ihre Scheitelwinkel sind die Winkel des Vierecks A'B'C'D'. Es gilt $\alpha' + \gamma' = 180° - \dfrac{\alpha}{2} - \dfrac{\beta}{2} + 180° - \dfrac{\gamma}{2} - \dfrac{\delta}{2} = 360° - 180° = 180°$;

Satz 5.3.2 anwenden.

Aufgabe 5.3.3: a) Zerlegen durch die Diagonale $\overline{AD}$ zeigt α + γ + ε = 360° und β + δ + + φ = 360°.

b) Vermutung: Für das Sehnen-2n-Eck $A_1A_2...A_{2n-1}A_{2n}$ gilt

$$\alpha_1 + \alpha_3 + ... + \alpha_{2n-1} = \frac{1}{2}W_{2n} = \frac{1}{2}(n-2)\cdot180° \text{ und}$$

$$\alpha_2 + \alpha_4 + ... + \alpha_{2n} = \frac{1}{2}W_{2n} = \frac{1}{2}(n-2)\cdot180°$$

Beweis: Zerlegung von A_1 aus in (n − 1) Sehnenvierecke

Die allgemeine Formel gilt auch für das Sehnenviereck, da $\dfrac{1}{2}W_4 = 180°$.

c) Nein! Man kann nämlich eine Seite, beispielsweise $\overline{EF}$, parallel nach innen verschieben. Dadurch verlagern sich E und F zu D bzw. A hin. Die Eckpunkte A, B, C und D bleiben aber samt ihrem Umkreis fest. Nur dieser kommt als Umkreis des neuen Sechsecks in Frage. Die neuen Eckpunkte liegen aber nicht auf diesem Kreis.

Aufgabe 5.3.4: a) m_{AC} geht durch den Mittelpunkt des Kreises k. Daher geht k bei der Spiegelung in sich über. Also liegt B' auf k.

b) Die Spiegelachse ist m_{BD}.

Fig. 5.3.4 zeigt nach dem Umfangswinkelsatz $\alpha_2 = \delta_1$ und $\gamma_2 = \beta_1$.

In den Teildreiecken B'CD des zweiten und ABC' des dritten Sehnenvierecks gilt daher $\alpha_2 + \gamma_2 = \delta_1 + \beta_1$. Nach SWS gilt ΔB'CD ≅ ΔABC', also $|B'D| = |AC'|$.

Die erste Spiegelung kann man auch durch Zerschneiden des Vierecks ABCD längs $\overline{AC}$ und Umwenden von ΔABC realisieren, die zweite durch Zerschneiden längs $\overline{BD}$ und Umwenden von ΔBCD. Die bewiesene Eigenschaft läuft darauf hinaus, dass man das Viereck ABC'D auch durch Zerschneiden des Vierecks AB'CD längs $\overline{B'D}$ und Umwenden von ΔB'DA bekommen kann.

Aufgabe 5.4.1: Vorbemerkung: Der Inkreismittelpunkt wird wie beim Dreieck mit Hilfe von zwei Winkelhalbierenden konstruiert. Die Berührradien stehen auf den Seiten senkrecht.

a) Kreis; beliebigen Berührradius wählen, weitere Berührradien nach Beispiel 5.4.1. Kontrolle: a = 9,5 cm

b) d = a + c – b = 8 cm; lt. Definition ist das konvexe der zwei Vierecke die Lösung. Kontrolle: ρ = 3,1 cm

c) Mit Hilfe von w_α und w_β werden Inkreismittelpunkt und Inkreis konstruiert, mit Hilfe des Berührradius (Beispiel 5.4.1) dann die Gerade CD. Kontrolle: ρ = 2,4 cm

d) Inkreis wie in c); von B und C aus Tangenten, Strecke d abtragen (Endpunkt D), weitere Tangente von D aus. Kontrolle: ρ = 3,2 cm

Aufgabe 5.4.2: Basis $\overline{AB}$; Mittelsenkrechte; Inkreis; von A und B aus Tangenten; Tangente parallel zur Basis. Kontrolle: c = 2 cm

Aufgabe 5.4.3: δ = 180° – β = 75°; Berührradien nutzen. Kontrolle: r = 5,4 cm

Aufgabe 5.4.4: Der Umkreis schneidet auf allen Tangenten des Inkreises gleich lange Strecken ab. Das Viereck ist also eine Raute. Die Diagonalen sind gleich lang; also ist die Raute sogar ein Quadrat.

Aufgabe 5.4.5: Gleichlange Tangentenabschnitte benutzen

a) a + c + e = b + d + f

b) $a_1 + a_3 + ... a_{2n–1} = a_2 + a_4 + ... + a_{2n}$

Aufgabe 5.4.6: Nichtkonvexes Viereck AECF: $|AE|+|FC|=|EC|+|FA|$

Wie beim konvexen Tangentenviereck sind die Summen der Längen gegenüberliegender Seiten gleich.

Überschlagenes Viereck BEDF: $|BE|+|FB|=|ED|+|DF|$

Hier sind die Summen der Längen je einer Seite ohne und einer Seite mit Überkreuzung gleich.

Aufgabe 5.4.7: Siehe Figur auf Seite 141

ABCD: konvex, alle Berührpunkte auf Seitenverlängerungen
$|AB|+|BC|=|CD|+|DA|$

AECF: nichtkonvex, zwei Berührpunkte auf Seiten, zwei auf Seitenverlängerungen
$|AE|+|EC|=|CF|+|FA|$

BDEF: überschlagen, zwei Berührpunkte auf Seiten, zwei auf Seitenverlängerungen
$|BE|+|ED|=|DF|+|FB|$

In allen drei Fällen sind die Summen der Längen benachbarter Seiten gleich. In jeder Summe kommt genau eine Seite vor, die den Überkreuzungspunkt C als Endpunkt oder inneren Punkt hat.

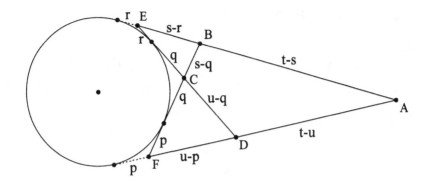

Aufgabe 5.4.8: a) Es sei a = d und b = c. Die Diagonale $\overline{AC}$ halbiert die Winkel in A und C. Ihr Schnittpunkt mit der Winkelhalbierenden in B hat von allen vier Seiten gleichen Abstand und ist damit der Inkreismittelpunkt I.

b) Man beobachtet, dass die vierte Tangente durch P geht. Das Viereck PQRS ist für jede Lage von P auf k_u zugleich ein Tangentenviereck und ein Sehnenviereck. Diese Erscheinung tritt bei zwei beliebigen Kreisen nicht auf.

Es lässt sich zeigen, dass die Radien und die Mittelpunktsentfernung einer bestimmten Gleichung genügen müssen, wenn die zwei Kreise diese besondere Eigenschaft haben sollen. Weitere Ausführungen dazu würden den Rahmen sprengen.

9.4   Aufgaben aus Kapitel 6

Aufgabe 6.1.1:

a) $|AT| = 2\,cm$; T auf $\overline{AB}$ b) $|AT| = 3,75\,cm$; T auf $\overline{AB}$

c) $|AT| = 2\,cm$; T auf BA^+ d) $|AT| = 8,4\,cm$; T auf AB^+

Aufgabe 6.1.2:

a)

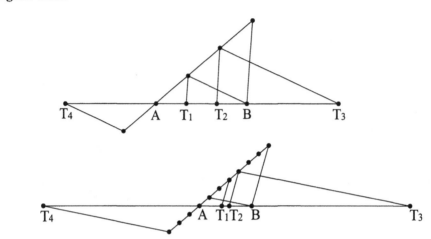

b)

Wegen $t(B,T,A) = \left(t(A,T,B)\right)^{-1}$ liegen T_1 und T_2 sowie T_3 und T_4 jeweils symmetrisch

in Bezug auf den Mittelpunkt von $\overline{AB}$. Damit lässt sich die Konstruktion beschleunigen.

Aufgabe 6.1.3: Analog benannte Punkte werden durch Parallelen verbunden; Grundlage ist der 1. Strahlensatz.

Teilverhältnis m:n

Hilfsstrecke $\overline{AB'}$ mit Länge $(m+n)e$; Teilstrecke $\overline{AT'}$ mit Länge me

Teilverhältnis $-$ m:n mit m $<$ n

Hilfsstrecke $\overline{T'B'}$ mit Länge ne; Teilstrecke $\overline{AB'}$ mit Länge $(m-n)e$

Teilverhältnis $-$ m:n mit m $>$ n

Hilfsstrecke $\overline{AT'}$ mit Länge me; Teilstrecke $\overline{AB'}$ mit Länge $(m-n)e$

Aufgabe 6.1.4: Bei $t(A, T, B) = t(A, T', B)$ und $-1 < t(A, T, B) < 0$ liegen T und T' auf BA^+ (Fig.6.1.2 Mitte). Aus $\dfrac{|AT|}{|TB|} = \dfrac{|AT'|}{|T'B|}$ folgt $\dfrac{|TB|-|AB|}{|TB|} = \dfrac{|T'B|-|AB|}{|T'B|}$, woraus

sich $|TB| = |T'B|$, also T = T' ergibt.

Bei $t(A, T, B) = t(A, T', B)$ und $t(A, T, B) < -1$ liegen T und T' auf AB^+ (Fig. 6.1.2 unten). Aus $\dfrac{|AT|}{|TB|} = \dfrac{|AT'|}{|T'B|}$ folgt $\dfrac{|AB|+|TB|}{|TB|} = \dfrac{|AB|+|T'B|}{|T'B|}$ und wieder T = T'.

Aufgabe 6.1.5:

a) $\dfrac{x}{6-x} = \dfrac{1}{2}$; $x = 2$ b) $\dfrac{x}{6-x} = \dfrac{5}{3}$; $x = 3,75$

c) $\dfrac{x}{6+x} = \dfrac{1}{4}$; $x = 2$ d) $\dfrac{x}{x-6} = \dfrac{7}{2}$; $x = 8,4$

Zum Aufstellen der Gleichungen ist Fig. 6.1.2 zu beachten. Streckenlängen sind stets positiv!

Aufgabe 6.1.6: Der Wert −1 wird nicht angenommen.
Der Teilpunkt müsste nämlich auf BA^+ oder auf AB^+ liegen. Dann kann aber nur entweder $|AT| < |TB|$ oder $|AT| > |TB|$ gelten.

Aufgabe 6.1.7: a) $t(B, T, A) = 2$

b) $t(B, A, T) = -\dfrac{|BA|}{|AT|} = -\dfrac{3}{1} = -3$; $t(T, A, B) = -\dfrac{|TA|}{|AB|} = -\dfrac{1}{3}$;

$t(T, B, A) = -\dfrac{|TB|}{|BA|} = -\dfrac{2}{3}$; $t(A, B, T) = -\dfrac{|AB|}{|BT|} = -\dfrac{3}{2}$

Aufgabe 6.1.8: Da die drei Punkte gleichberechtigt sind, kann man sie entsprechend ihrer Reihenfolge auf der Geraden A, B, C nennen. Andernfalls müsste man drei Fälle unterscheiden. Vor der algebraischen Berechnung sollte man sich überlegen: Zwei Teilverhältnisse sind positiv, nämlich t(A, B, C) und t(C, B, A), zwei Teilverhältnisse liegen zwischen 0 und −1, nämlich diejenigen mit Teilpunkt A, und zwei Teilverhältnisse sind kleiner als − 1, nämlich diejenigen mit Teilpunkt C.

$t(C, B, A) = \dfrac{1}{t(A, B, C)}$

$t(C, A, B) = -\dfrac{|CA|}{|AB|} = -\dfrac{|AB| + |BC|}{|AB|} = -\left(1 + \dfrac{1}{t(A, B, C)}\right) = -\dfrac{t(A, B, C) + 1}{t(A, B, C)}$

$t(B, A, C) = \dfrac{1}{t(C, A, B)} = -\dfrac{t(A, B, C)}{t(A, B, C) + 1}$

$t(A, C, B) = -\dfrac{|AC|}{|CB|} = -\dfrac{|AB| + |BC|}{|BC|} = -(t(A, B, C) + 1)$

$t(B, C, A) = \dfrac{1}{t(A, C, B)} = -\dfrac{1}{t(A, B, C) + 1}$

Aufgabe 6.1.9: Alle Streckenlängen vervielfachen sich mit dem Faktor $|k|$. Die gegenseitige Lage bleibt unverändert, so dass sich das Vorzeichen nicht ändert. Der Faktor $|k|$ kürzt sich heraus. Also gilt t(A, B, C) = t(A', B', C').

Aufgabe 6.1.10: Strahlensatzkonstruktion mit einer Hilfsstrecke der Länge a + d.
Es gilt $a : d = 1 : \sqrt{2}$

Aufgabe 6.1.11: $\Delta BDC'$ ist nach Konstruktion gleichschenklig. Also gilt
$\angle BDC = 180° - \varphi' = \varphi$. Da die Dreiecke AC'C und BDC gleiche Winkel bei C haben,
sind sie ähnlich. Es folgt $|AC'| : |C'B| = |AC'| : |BD| = |AC| : |BC| = b : a$.

Falls $\varphi < 90°$, benutzt man ein gleichschenkliges Hilfsdreieck mit Eckpunkt A.
Falls $\varphi = 90°$, sind die Dreiecke AC'C und BC'C kongruent, so dass $|AC'| = |C'B|$ und
$a = b$ gilt, also ebenfalls $|AC'| : |BC'| = b : a$.

Aufgabe 6.1.12: a) $\tau = \dfrac{2}{3};\ 2;\ \dfrac{1}{3};\ -1$

b) $t = -2;\ -\dfrac{2}{3};\ 1;\ -\dfrac{1}{3}$

c) Liegt T auf AB^+, gilt $\tau > 0$; für T = A gilt $\tau = 0$. Liegt T auf BA^+, gilt $\tau < 0$. Diese
Vorzeichenverteilung ist einfacher als die von t.
Auf AB^+ gilt $\tau = \dfrac{|AT|}{|AB|}$, auf BA^+ gilt $\tau = -\dfrac{|AT|}{|AB|}$.

Für das Vorzeichen von t beziehen wir uns auf die drei Fälle aus Fig. 6.1.2.

1. Fall: $\dfrac{t}{\tau} = \dfrac{|AT|}{|TB|} \cdot \dfrac{|AB|}{|AT|} = \dfrac{|AB|}{|TB|} = \dfrac{|AT| + |TB|}{|TB|} = t + 1$

2. Fall: $\dfrac{t}{\tau} = -\dfrac{|AB|}{|TB|} = -\dfrac{|AT| - |TB|}{|TB|} = t + 1$

3. Fall: $\dfrac{t}{\tau} = \dfrac{|AB|}{|TB|} = \dfrac{|TB| - |AT|}{|TB|} = 1 + t$

Alle drei Fälle führen auf dieselben Beziehungen, nämlich

(1) $\tau = \dfrac{t}{t+1}$ und (2) $t = \dfrac{\tau}{1-\tau}$.

Man erkennt, dass wegen $t \neq -1$ (vgl. Aufgabe 6.1.6) Formel (1) für alle zulässigen t gilt.
In Formel (2) ist $\tau = 1$ auszuschließen. Das war zu erwarten, denn zu $\tau = 1$ gehört der
Punkt T = B, aber zu T = B gehört wegen $|TB| = 0$ kein t-Wert.

d) Während für T = B das Teilverhältnis t nicht definiert ist und t den Wert -1 nicht
annehmen kann, gehört zu jedem Punkt auf der Geraden AB ein Wert von τ und umgekehrt.

e) In manchen DGS ist das Teilverhältnis nicht wie t, sondern wie τ definiert.

Aufgabe 6.2.1: a) t(A, C', B) = 8:3

Aufgabe 6.2.2: Das Produkt der Teilverhältnisse muss konstant bei 1 stehen bleiben.
Beachten Sie aber Aufgabe 6.1.11 d).

Aufgabe 6.2.3: a) t(C, B', A) = $-$ 8:3. Der Teilpunkt B' liegt auf CA^+, also außen.

b) Man stellt fest, dass entweder drei innere oder eine innere und zwei äußere Ecktransversalen auftreten.

Bemerkung: Der Satz des CEVA wurde aus gutem Grund nur für innere Ecktransversalen ausgesprochen. Zwar ist der Beweisteil (*) $\Rightarrow$ (**) analog auf den allgemeinen Fall übertragbar, aber im zweiten Beweisteil kommt es darauf an, dass sich zwei Ecktransversalen (o. B. d. A. sind dies AA' und BB') schneiden. Dies ist für innere Ecktransversalen gesichert. Zwei beliebige Ecktransversalen könnten aber parallel sein, und auch falls sie sich in P schneiden, ist es zunächst möglich, dass die Verbindungsgerade des dritten Eckpunkts mit P parallel zur Gegenseite verläuft, also gar keine Ecktransversale ist.

Aufgabe 6.2.4: Die drei Teilverhältnisse sind 1, also auch ihr Produkt.

Aufgabe 6.2.5: Die Teilverhältnisse lassen sich nicht unmittelbar angeben. Es gilt jedoch $|AC'| = |AB'|$, $|BC'| = |BA'|$ und $|CA'| = |CB'|$ nach WSW. Damit hat das Produkt der Teilverhältnisse den Wert 1.

Aufgabe 6.2.6: Da sich die Winkelhalbierenden in einem Punkt schneiden, gilt
$t(A, C', B) \cdot t(B, A', C) \cdot t(C, B', A) = 1$.

Wegen $|AC''| = |C'B|$ und $|C''B| = |AC'|$ gilt $t(A, C'', B) = \dfrac{1}{t(A, C', B)}$.

Ebensolche Beziehungen gelten für die zwei anderen Teilverhältnisse.
Damit gilt $t(A, C'', B) \cdot t(B, A'', C) \cdot t(C, B'', A) = 1$.

Aufgabe 6.2.7: a) Wegen zweier übereinstimmender Winkel gilt $\Delta BB'C \sim \Delta AA'C$. (Vgl. Beispiel 4.2.3; diese Aussage ist wohlgemerkt nicht auf spitzwinklige Dreiecke beschränkt. Für rechtwinklige Dreiecke gilt A' = B' = C bzw. A' = B bzw. B' = A je nach Lage des rechten Winkels).
Daraus folgt $|B'C| : |A'C| = h_b : h_a$

b)
$$t(A, C', B) \cdot t(B, A', C) \cdot t(C, B', A) = \frac{|AC'|}{|C'B|} \cdot \frac{|BA'|}{|A'C|} \cdot \frac{|CB'|}{|B'A|}$$
$$= \frac{|B'C|}{|A'C|} \cdot \frac{|C'A|}{|B'A|} \cdot \frac{|A'B|}{|C'B|}$$
$$= \frac{h_b}{h_a} \cdot \frac{h_c}{h_b} \cdot \frac{h_a}{h_c}$$
$$= 1$$

Aufgabe 6.2.8: Man kann durch Augenschein oder Ausmessen an entsprechenden Dreiecken vermuten, dass AA' Winkelhalbierende, $\overline{CC'}$ Seitenhalbierende und $\overline{DD'}$ Höhe ist. Diese Vermutung lässt sich verifizieren:
AA' ist Winkelhalbierende: Nach Aufgabe 6.1.11 gilt $|DA'| : |A'C| = b : (c - b)$, also
$t(D, A', C) = b : (c - b)$.

$\overline{CC'}$ ist Seitenhalbierende: $|AC'|:|C'D| = 1:1$, also $t(A, C', D) = 1$

$\overline{DD'}$ ist Höhe: Wegen $|D'C| = |DE|$ und der Ähnlichkeit der Dreiecke ADD' und DBE folgt $|CD'|:|D'A| = |ED|:|D'A| = |DB|:|AD| = b:(c-b)$, also $t(C, D', A) = b : (c - b)$.
Damit: $t(D, A', C) \cdot t(A, C', D) \cdot t(C, D', A) = 1$; die Vermutung ist bewiesen.

Aufgabe 6.3.1: Ebenso wie für S beweist man, dass S' die Seitenhalbierende $\overline{BB'}$ im Verhältnis 2:1 teilt. Da dies auch für S gilt, folgt S' = S nach Satz 6.1.1. Also geht auch $\overline{CC'}$ durch S.

Aufgabe 6.3.2: a) S(8|3)   b) S(3|4)
Die Schwerpunktkoordinaten sind, so ist zu vermuten, die arithmetischen Mittelwerte der Eckpunktkoordinaten.

Aufgabe 6.3.3: Zuerst werden zwei Massen in den Mittelpunkt der Seite neutral verlagert. Dann werden diese "Doppelmasse" und die Masse im dritten Eckpunkt nach dem Hebelgesetz mit Teilverhältnis 2:1 neutral verlagert. Damit kommen sie im Eckenschwerpunkt (Teilungsaussage von Satz 6.3.1) zusammen.

Aufgabe 6.3.4: Neutrale Verlagerungen sind:
Die Eckmassen an gegenüberliegenden Seiten jeweils in deren Mittelpunkt schieben.
Die zwei "Doppelmassen" in den Seitenmittelpunkten in den Mittelpunkt der Verbindungsstrecke schieben.
Andere Möglichkeit:
Die zwei Verbindungsstrecken der Mittelpunkte gegenüberliegender Seiten sind Eckenschwerlinien, deren Schnittpunkt ist also der Eckenschwerpunkt.
Für eine weitere Möglichkeit siehe Aufgabe 6.3.5
Ergebnis: S(8|5)
Rechnerische Ermittlung (ohne Beweis; siehe Aufgabe 6.3.8): Die Schwerpunktkoordinaten sind die arithmetischen Mittelwerte der Eckpunktkoordinaten.

Aufgabe 6.3.5: Je zwei Eckmassen werden neutral nach T bzw. V und die Doppelmassen in T und V neutral in den Mittelpunkt von $\overline{TV}$ verlagert. Dieser ist der Eckenschwerpunkt S. Ebenso kann man die Eckenmassen auch in U und W und die Doppelmassen in den Mittelpunkt von $\overline{UW}$ verlagern. Die dritte neutrale Verlagerung führt je zwei Eckenmassen in M_1 bzw. M_2 und die dort entstehenden Doppelmassen in den Mittelpunkt von $\overline{M_1M_2}$. Man hat hier übrigens axiomatisch (und physikalisch unumgänglich!) angenommen, dass der Eckenschwerpunkt eindeutig bestimmt ist.

Aufgabe 6.3.6: Man konstruiert beispielsweise wie in Aufgabe 6.3.4 den Eckenschwerpunkt S' des Vierecks ABCD, verbindet ihn mit E und teilt $\overline{S'E}$ im Verhältnis 1:4.
Falsch wäre es, S' mit dem Eckenschwerpunkt von $\triangle ADE$ zu verbinden und diese Strecke im Verhältnis 1:4 zu teilen. Die Eckmassen in A und D würden dann nämlich zweimal berücksichtigt.

Man kann auch den Eckenschwerpunkt von $\triangle ABC$ mit dem Eckenschwerpunkt des "Zweiecks" $\overline{EF}$ verbinden und diese Strecke im Verhältnis 2:3 teilen.
Ergebnis: S(7|5); die Koordinaten sind als arithmetische Mittelwerte berechenbar.

Aufgabe 6.3.7: Man konstruiert den Eckenschwerpunkt des Dreiecks, das von den Mittelpunkten der Seiten $\overline{AB}$, $\overline{CD}$ und $\overline{EF}$ gebildet wird.

Aufgabe 6.3.8: Die Koordinaten ergeben sich als arithmetische Mittelwerte.
Beweis durch vollständige Induktion:
n = 2: Hebelgesetz für zwei gleiche Punktmassen
Induktionsvoraussetzung: Jedes $(n - 1)$-Eck mit den Eckpunkten $A_i(x_i | y_i)$ hat den Eckenschwerpunkt S'(x' | y') mit $x' = \dfrac{1}{n-1}\left(x_1 + ... + x_{n-1}\right)$; y' entsprechend.
Induktionsschritt: Gegeben ist ein n-Eck. Zunächst lässt man A_n weg; es entsteht ein $(n - 1)$-Eck. Für die Koordinaten seines Eckenschwerpunkts S' gilt die Induktionsannahme. Hinzufügen des Eckpunkts $A_n(x_n | y_n)$ ergibt nach dem Hebelgesetz den Punkt S auf $\overline{S'A_n}$ mit $|S'S| : |SA_n| = 1 : n$. Seine x-Koordinate ist

$$x_S = \frac{n-1}{n}x' + \frac{1}{n}x_n = \frac{1}{n}\left(x_1 + ... + x_n\right); \; y_S \text{ entsprechend.}$$

Aufgabe 6.3.9: Man zerlegt durch eine Diagonale. Die Verbindungsgerade der Flächenschwerpunkte der zwei Teildreiecke ist eine Flächenschwerlinie des Vierecks. Eine zweite Flächenschwerlinie erhält man durch Zerlegen mit Hilfe der anderen Diagonalen.
Im vorliegenden Fall ist es günstiger, nur längs $\overline{AC}$ zu zerlegen und die Verbindungsstrecke der Schwerpunkte von $\triangle ABC$ und $\triangle ACD$ im umgekehrten Verhältnis der Flächeninhalte, also im Verhältnis 1:2 zu teilen.
Ergebnis: $S_F(6 | 7)$
Flächen- und Eckenschwerpunkt sind verschieden; S_E hat die Koordinaten (6,5|7,25).

Aufgabe 6.3.10: Vgl. Fig. 6.3.7. Die Strecke $\overline{B'A'}$ wird im Verhältnis a:b = 3:2 geteilt, der Teilpunkt C'' mit C' verbunden. In C'' ist Masse vom Betrag 6 + 9 = 15 vereint, in C' Masse vom Betrag 10. Also teilt der Kantenschwerpunkt S_K die Strecke $\overline{C''C'}$ so, dass $|C''S_K| : |C'S_K| = 10 : 15 = 2 : 3$.
Stattdessen kann man auch eine zweite Kantenschwerlinie mit $\overline{C''C'}$ schneiden.

Aufgabe 6.3.11: Vgl. Fig. 6.3.7.
Der (nicht geforderte) Beweis: Es gilt $|B'C''| : |C''A'| = a : b$. Die Seiten a', b', c' von $\triangle A'B'C'$ sind halb so lang wie die von $\triangle ABC$. Es gilt also $|B'C''| : |C''A'| = a' : b'$. Dies bedeutet, dass C'' die Seite $\overline{B'A'}$ von $\triangle A'B'C'$ im Verhältnis der anliegenden Seiten teilt. Nach Aufgabe 6.1.10 ist damit $\overline{C'C''}$ eine Winkelhalbierende von $\triangle A'B'C'$. Dasselbe gilt für die entsprechenden Ecktransversalen $\overline{A'A''}$ und $\overline{B'B''}$. Diese Winkelhalbierenden schneiden sich im Inkreismittelpunkt von $\triangle A'B'C'$.

Aufgaben aus Kapitel 7

Aufgabe 7.1.1: Die Parallelogramme bestehen aus paarweise kongruenten Teildreiecken bzw. Teilvierecken und haben daher den gleichen Flächeninhalt. Alle Parallelogramme mit gleicher Grundlinie und gleicher Höhe besitzen den gleichen Flächeninhalt.

Aufgabe 7.1.2: In Fig. 7.1.6 sind die Dreiecke ADM_b und CGM_b wegen des Kongruenzsatzes WSW kongruent. Das gleiche gilt für die Dreiecke EBM_a und FCM_a. Daraus folgt die Zerlegungsgleichheit des Dreiecks ABC und des Rechtecks DEFG.

Aufgabe 7.1.3.: Lösung analog Aufgabe 7.1.2.

Aufgabe 7.2.1: a) Nach dem Satz des PYTHAGORAS ist in Fig. 7.2.5 $h_a^2 + \left(\dfrac{a}{2}\right)^2 = a^2$.

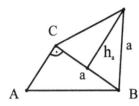

Daraus ergibt sich direkt h_a.

b) Die Summe der Flächeninhalte der Dreiecke über den Katheten beträgt $\dfrac{a \cdot h_a}{2} + \dfrac{b \cdot h_b}{2} = \dfrac{\sqrt{3}}{4} \cdot (a^2 + b^2)$. Daraus folgt wegen $a^2 + b^2 = c^2$ die Behauptung.

Aufgabe 7.2.2: A_a, A_b und A_c bezeichnen die Flächeninhalte der ähnlichen Vielecke über den Seiten des rechtwinkligen Dreiecks. Da sich die Flächeninhalte ähnlicher Vielecke wie die Quadrate entsprechender Seiten verhalten, gilt $A_a : A_c = a^2 : c^2$ und $A_b : A_c = b^2 : c^2$. Daraus folgt mit $a^2 + b^2 = c^2$ nach einfacher Rechnung $A_a + A_b = A_c$.

Aufgabe 7.2.3: Beachten Sie den Lösungshinweis zur Aufgabe auf Seite 81.

Aufgabe 7.3.1: Es ergibt sich ein Quadrat gleicher Größe.

Aufgabe 7.4.1: Mit $|AD| = q$, $|BD| = p$ und $|AM| = |MC| = |MB| = r$ in Fig. 7.4.4 ist $h^2 = r^2 - (p - r)^2$. Daraus ergibt sich direkt die Behauptung.

Aufgabe 7.4.2: Das gleichschenklige Trapez ABCD wird in ein flächengleiches Recht-

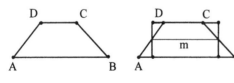

eck umgewandelt. Dazu konstruiert man zuerst die Mittellinie m des Trapezes, welche die Mittelpunkte der Strecken $\overline{AD}$ und $\overline{BC}$ verbindet. Daraus ergibt sich direkt ein zerlegungsgleiches Rechteck. Zu diesem Rechteck wird analog Beispiel 7.4.1 mit Hilfe des Höhensatzes ein flächengleiches Quadrat konstruiert. Das regelmäßige Sechseck wird in zwei gleichschenklige Trapeze zerlegt. Diese werden in flächengleiche Quadrate umgeformt und schließlich mit Hilfe des Satzes von PYTHAGORAS analog Fig. 7.3.7 zu einem Quadrat zusammengefaßt. Als Variante kann an Stelle des Höhensatzes der Kathetensatz eingesetzt werden.

Aufgabe 7.4.3: Die folgende Konstruktion beruht auf dem Höhensatz. Man geht vom

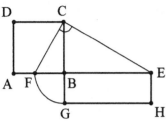

Quadrat ABCD mit 3 cm Seitenlänge aus. Die Strecke $\overline{AB}$ wird von B aus um 5 cm bis zum Punkt E verlängert. Im Punkt C der Strecke $\overline{CE}$ wird die dazu Senkrechte errichtet, welche $\overline{AB}$ im Punkt F schneidet. Die Strecke $\overline{CB}$ wird von B aus um $\overline{FB}$ bis zum Punkt G verlängert. G ist der dritte Eckpunkt des gesuchten Rechtecks, mit dessen Hilfe der vierte Eckpunkt H konstruiert werden kann.

Aufgabe 7.4.4: z sei   eine nicht negative Zahl. Die Konstruktion von $\sqrt{z}$ beruht auf

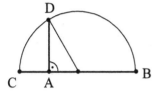

dem Höhensatz. Man zeichnet eine Strecke $\overline{AB}$ der Länge z. Diese verlängert man von A aus um 1 und erhält den Punkt C. Im Punkt A wird die Senkrechte zu $\overline{CB}$ errichtet. D sei der Schnittpunkt des Thaleskreises über $\overline{CB}$ mit dieser Senkrechten. Dann ist $|AD| = \sqrt{z}$.

Aufgabe 7.4.5: Gesucht sind die Längen der Hypotenusen der Dreiecke. Nach dem Satz des PYTHAGORAS ergibt sich für die erste $\sqrt{2}$, für die zweite $\sqrt{3}$ usw.

Aufgabe 7.4.6: Man zeichnet ein Rechteck ABCD mit der Länge 12 cm und der Brei-

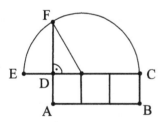

te 4 cm. Dieses hat den dreifachen Flächeninhalt eines Quadrates mit 4 cm Seitenlänge. Man verlängert die Seite $\overline{CD}$ um 4 cm und erhält Punkt E. In Analogie zur Lösung der Aufgabe 7.4.4. ergibt sich $|DF|$ als die gesuchte Größe.

Aufgabe 7.4.7: Die Behauptung ergibt sich direkt aus dem Vergleich der Terme für $a^2 + b^2$ und c^2.

Aufgaben aus Kapitel 8

Aufgabe 8.1.2: Winkelwerte auf 1° genau
a) 37°   b) 46°   c) 246°   d) 348°

Aufgabe 8.1.3:
a) $c = 11{,}4$ cm; $\alpha = 52{,}1°$; $\beta = 37{,}9°$ b) $b = 7{,}5$ cm; $\alpha = 33{,}7°$; $\beta = 56{,}3°$
c) $c = 13{,}0$ cm; $a = 10{,}2$ cm; $\beta = 38°$ d) $b = 12{,}9$ cm; $c = 14{,}2$ cm; $\beta = 65°$

Aufgabe 8.1.4: Die Höhe im gleichseitigen Dreieck mit Seitenlänge a hat die Länge

$$h = \frac{a}{2}\sqrt{3}$$

$$\sin 30° = \frac{1}{2}; \ \cos 30° = \frac{1}{2}\sqrt{3}; \ \tan 30° = \frac{1}{\sqrt{3}}$$

$$\sin 60° = \frac{1}{2}\sqrt{3}; \ \cos 60° = \frac{1}{2}; \ \tan 60° = \sqrt{3}$$

Die Kathetenlänge des gleichschenklig-rechtwinkligen Dreiecks mit Hypotenusenlänge a

ist $\frac{a}{2}\sqrt{2}$.

$$\sin 45° = \frac{a}{2}\sqrt{2} : a = \frac{1}{2}\sqrt{2}; \ \cos 45° = \frac{1}{2}\sqrt{2}; \ \tan 45° = 1$$

Aufgabe 8.1.5: a) Der Punkt P' zum Winkel $180° - \alpha$ und der Punkt P zum Winkel α
liegen symmetrisch in Bezug auf die y-Achse. Daher gilt y' = y.
b) Punkte symmetrisch bzgl. des Ursprungs; x' = – x
c) Punkte symmetrisch bzgl. der x-Achse; x' = x

d) Punkte symmetrisch bzgl. y-Achse; $y' = y$; $x' = -x$; $\dfrac{y'}{x'} = -\dfrac{y}{x}$

e) Punkte symmetrisch bzgl. der Diagonalen y = x; also x' = y

f) Punkte symmetrisch bzgl. der Diagonalen y = x; also y' = x und x' = y; $\dfrac{y'}{x'} = \left(\dfrac{y}{x}\right)^{-1}$

Die Begründung durch Symmetrie gilt für beliebige Winkel.
Weitere Beziehungen z. B. $\sin(180° + \alpha) = -\sin\alpha$; $\cos(180° - \alpha) = -\cos\alpha$

Aufgabe 8.1.6: a) Die Gerade y = 0,65 schneidet den Einheitskreis in genau zwei Punkten; also zwei Lösungen.
Ausgabe des Taschenrechners: 40,5° (gerundet); $\alpha_1 = 40{,}5°$; $\alpha_2 = 180° - \alpha_1 = 139{,}5°$.
b) Ausgabe des Taschenrechners: $- 40{,}5°$; hieraus $\alpha_1 = 180° + 40{,}5° = 220{,}5°$;
$\alpha_2 = 360° - 40{,}5° = 319{,}5°$
c) $\alpha_1 = 67{,}7°$; $\alpha_2 = 360° - \alpha_1 = 292{,}3°$
d) $\alpha_1 = 112{,}3°$; $\alpha_2 = 360° - \alpha_1 = 247{,}7°$
e) $\sin\alpha = \pm 0{,}7$; $\alpha_1 = 44{,}4°$; $\alpha_2 = 180° - \alpha_1 = 135{,}6°$; $\alpha_3 = 180° + \alpha_1 = 224{,}4°$;
$\alpha_4 = 360° - \alpha_1 = 315{,}6°$

f) $\cos^2 \alpha = \pm\sqrt{0{,}1707}$; der negative Wert entfällt. Damit $\cos \alpha = \pm\,0{,}6427\ldots$;

$\alpha_1 = 50{,}0°$; $\alpha_2 = 360 - \alpha_1 = 310{,}0°$; $\alpha_3 = 180° - \alpha_1 = 130{,}0°$; $\alpha_4 = 180° + \alpha_1 = 230{,}0°$

Aufgabe 8.1.7: Für Punkte (x | y) auf dem Einheitskreis gilt nach dem Satz des PYTHA-GORAS $x^2 + y^2 = 1$, also $\sin^2 \alpha + \cos^2 \alpha = 1$.

Die korrekte Auflösung ist $\sin \alpha = \pm\sqrt{1 - \cos^2 \alpha}$, wobei "+" für $0° \le \alpha \le 180°$ und "–" für $180° \le \alpha \le 360°$ gilt.

Aufgabe 8.2.2: Im rechtwinkligen Dreieck ABC mit $\alpha = 90°$ gilt $b \sin \alpha = b = a \sin \beta$. Bei $\alpha > 90°$ gilt $h_c = b \sin(180° - \alpha)$. Wegen $\sin(180° - \alpha) = \sin \alpha$ ergibt sich wieder $h_c = b \sin \alpha$ und damit dieselbe Formel wie für $\alpha < 90°$.

Aufgabe 8.2.3: a) $c = 7{,}6$ cm   b) $a = 9{,}9$ cm

Aufgabe 8.2.4: a) $\alpha = 75{,}5°$; $\beta = 46{,}6°$; $\gamma = 57{,}9°$ b) $\alpha = 98{,}2°$; $\beta = 49{,}6°$; $\gamma = 32{,}2°$

Aufgabe 8.2.5: a) $\cos \gamma = \dfrac{1}{2}$; $\gamma = 60°$ b) $\cos \gamma = -\dfrac{1}{2}$; $\gamma = 120°$

Gleichungen für die Seitenlängen: $a^2 + b^2 - ab = c^2$ bzw. $a^2 + b^2 + ab = c^2$

Aufgabe 8.2.6: Dreieck mit spitzem, rechtem bzw. stumpfem Winkel γ:
$c^2 < a^2 + b^2$; $c^2 = a^2 + b^2$; $c^2 > a^2 + b^2$
Ausgehend vom rechtwinkligen Dreieck erkennt man, dass durch Verkleinern bzw. Vergrößern von γ bei konstanten Seitenlängen a und b die Seite c kleiner bzw. größer wird. Das wirkt sich auf c^2 und damit auf die Beziehung zwischen den Seitenquadraten aus.

Aufgabe 8.2.7: $A = \dfrac{1}{2}a h_a = \dfrac{1}{2}ab \sin \gamma$

Zwei weitere Formeln durch zyklische Permutation!

Aufgabe 8.2.8: a) $39{,}5$ cm^2 b) $39{,}5$ cm^2, wegen $\sin 70° = \sin 110°$ exakt dasselbe Ergebnis wie a)
c) $28{,}7$ cm^2 d) 50 cm^2
Es gibt natürlich beliebig viele zum Dreieck c) flächengleiche Dreiecke. Man kann beispielsweise b mit einem beliebigen Faktor multiplizieren c und entsprechend dividieren. Die einfachste Möglichkeit ist aber, von $\alpha = 55°$ zu $\alpha = 125°$ überzugehen.

Aufgabe 8.2.9: Falls das Viereck konvex ist, zerlegt man es von Diagonalenschnittpunkt S aus in vier Dreiecke und berechnet deren Flächeninhalt nach der Formel aus Aufgabe 8.2.7. Dabei wird $\sin \varphi = \sin(180° - \varphi)$ verwendet. Mit den Diagonalenabschnitten e_1, e_2, f_1, f_2 ergibt sich

$$A = \frac{1}{2}\left(e_1 f_1 + f_1 e_2 + e_2 f_2 + f_2 e_1\right)\sin \varphi = \frac{1}{2}\left(e_1 + e_2\right)\left(f_1 + f_2\right)\sin \varphi = \frac{1}{2}ef \sin \varphi$$

Falls das Viereck nichtkonvex ist, liegt der Diagonalenschnittpunkt außen. Die Ecke C sei eingedrückt. Mit $e_1 = |AS|$, $e_2 = |CS|$, $f_1 = |BS|$, $f_2 = |DS|$ und $e = e_1 - e_2$ ergibt sich
:

$$A = \frac{1}{2}(e_1 f_1 + e_1 f_2 - e_2 f_2 - e_2 f_2)\sin\varphi = \frac{1}{2}(e_1 - e_2)(f_1 + f_2)\sin\varphi = \frac{1}{2}ef\sin\varphi$$

Aufgabe 8.2.10: a) Falls $\alpha > 90°$, gilt $c = a\cos\beta - b\cos(180° - \alpha) = a\cos\beta + b\cos\alpha$
Falls $a = 90°$, gilt $c = a\cos\beta = a\cos\beta + b\cos\alpha$
b) Das Ergebnis ist selbstverständlich die aus dem Kosinussatz bekannte Formel
$\cos\gamma = \dfrac{a^2 + b^2 - c^2}{2ab}$. Man kann in einem einzigen Schritt auflösen, indem man die Gleichungen (1), (2) bzw. (3) mit c, (–a) bzw. (–b) multipliziert und addiert.

Aufgabe 8.2.11: Das Dreieck A'BC ist nach dem Satz des THALES bei C rechtwinklig, und nach dem Umfangswinkelsatz gilt $\alpha' = \alpha$. Mit $\sin\alpha' = \dfrac{a}{2r}$ folgt $\dfrac{\sin\alpha}{a} = \dfrac{1}{2r}$.

Die Bezeichnung "erweiterter Sinussatz" rührt daher, dass zusätzlich der Umkreisradius vorkommt. Ebenso gilt natürlich auch $\dfrac{\sin\beta}{b} = \dfrac{1}{2r}$ und $\dfrac{\sin\gamma}{c} = \dfrac{1}{2r}$. Durch Gleichsetzen erhält man den Sinussatz.

Beispiel 8.2.2 c): $\sin\beta = \dfrac{b\sin\alpha}{a}$; β mit $\beta < \alpha$; $\gamma = 180° - \alpha - \beta$; $c = \sqrt{a^2 + b^2 - 2ab\cos\gamma}$

Aufgabe 8.2.12: Durch Zwischenrunden können kleine Abweichungen entstehen. Es ist zweckmäßig, für Zwischenergebnisse, die wieder eingegeben werden sollen, eine zusätzliche Dezimalstelle zu notieren.
a) $c = 7,7$ cm; $\alpha = 75,2°$; $\beta = 48,8°$ b) $\gamma = 79°$; $a = 4,6$ cm; $b = 6,9$ cm
c) $\beta = 29,7°$; $\gamma = 87,3°$; $c = 10,1$ cm   d) $\alpha = 34,1°$; $\beta = 106,1°$; $\gamma = 39,8°$
e) $\gamma = 35,7°$; $\alpha = 75,3°$; $a = 8,3$ cm   f) $\alpha = 48°$; $b = 10,1$ cm; $c = 4,0$ cm
g) $b = 6,5$ cm; $\alpha = 95,9°$; $\gamma = 44,1°$ h) $\alpha = 27°$; $a = 3,9$ cm; $c = 5,7$ cm

Aufgabe 8.2.13:
Erster Vorgabensatz:
$\sin\beta = 0,90$; $\beta_1 = 64,1°$; $\beta_2 = 180° - \beta_1 = 115,9°$;
$\gamma_1 = 75,9°$; $\gamma_2 = 24,1°$; $c_1 = 7,5$ cm; $c_2 = 3,2$ cm
Zweiter Vorgabensatz:
$\sin\beta = 0,46$; $\beta_1 = 27,3°$; $\beta_2 = 180° - \beta_1 = 152,7°$
$\gamma_1 = 112,7°$; $\gamma_2 = -12,7°$!
Der Wert β_2 entfällt, da $\alpha + \beta_2 > 180°$.
$b = 10,1$ cm
Allgemeine Analyse:

Bei der Vorgabe a, b, α mit $a > b$ gilt $\sin\beta = \dfrac{b\sin\alpha}{a} < \sin\alpha$. Diese Bestimmungsgleichung für β ist immer lösbar und hat zwei Lösungen $\beta_1 < 90°$ und $\beta_2 > 90°$.
Es gilt $\beta_1 < \alpha$. (Vgl. dazu Satz 2.4.3; man kann auch aufgrund der Definition des Sinus für spitze Winkel aus $\sin\beta_1 < \sin\alpha$ auf $\beta_1 < \alpha$ schließen.)

Daraus ergibt sich aber
$\alpha + \beta_2 = \alpha + 180° - \beta_1 > 180°$, so dass die zweite Lösung β_2 als Dreieckswinkel unbrauchbar ist.

Bei der Vorgabe a, b, α mit $a < b$ gilt $\sin \beta = \dfrac{b \sin \alpha}{a} > \sin \alpha$. Es kann also $\sin \beta > 1$ gelten, so dass die Gleichung unlösbar ist. Bei $\sin \beta = 1$ ergibt sich als einzige Lösung $\beta = 90°$. Bei $\sin \beta < 1$ erhält man zwei Lösungen, nämlich β_1 mit $\beta_1 > \alpha$ und $\beta_2 = 180° - \beta_1$. Hier führt aber auch die zweite Lösung zu einem Dreieck, denn es gilt $\alpha + \beta_2 = \alpha + 180° - \beta_1 < 180°$.
Im Sonderfall $a = b$ gilt $\sin \beta = \sin \alpha$, also $\beta_1 = \alpha$. Die zweite Lösung $\beta_2 = 180° - \beta_1 = 180° - \alpha$ ergibt wegen $\alpha + \beta_2 = 180°$ kein Dreieck.

Die Konstruktion entspricht dieser Analyse genau: Man beginnt mit der Seite $\overline{AC}$, trägt in A den Winkel α an und legt um C einen Kreis k mit Radius b.
Bei $a > b$ schneidet k den freien Winkelschenkel genau einmal.
Bei $a < b$ gibt es drei Fälle: k schneidet den Schenkel nicht, berührt ihn oder schneidet in zweimal.
Bei $a = b$ fällt einer der zwei Schnittpunkte mit A zusammen; nur der andere ist brauchbar.

Aufgabe 8.3.1: a) Gerundet: $e = 14{,}5$ cm; $f = 13{,}7$ cm
b) Exakt: $e = 65$ cm; $f = 62{,}4$ cm

Aufgabe 8.3.2: Aus Formel (2) ergibt sich für d die quadratische Gleichung
$1881 d^2 + 20961 d - 15348360 = 0$. Sie lässt sich zu $d^2 + 11d - 8160 = 0$ vereinfachen.
Die positive Lösung ist $d = 85$. Damit ergibt sich $f = \dfrac{2704}{91} = 29{,}7$.

Aufgabe 8.3.3: $\cos \alpha = -\dfrac{17}{32}$; $\cos \gamma = \dfrac{51}{96} = \dfrac{17}{32}$; also $\cos \alpha = -\cos \gamma = \cos(180° - \gamma)$. Das Viereck ist nach Voraussetzung konvex, so dass die Winkel nicht überstumpf sind. Aus den Eigenschaften des Kosinus folgt damit $\alpha = 180° - \gamma$, also $\alpha + \gamma = 180°$. Nach Satz 5.3.2 ist damit die Behauptung bewiesen.

Aufgabe 8.3.4: Jedes gleichschenklige Trapez ist ein Sehnenviereck (Beispiel 5.3.1). Mit $d = 33$ cm ergibt sich aus Formel (2) eine Gleichung für c mit der Lösung $c = 7$ cm.

Aufgabe 8.3.5: Mit $b = d$ vereinfacht sich Formel (2) zu $e^2 = ac + b^2$ und Formel (3) zu $f^2 = ac + b^2$. Für das gleichschenklige Trapez gilt bekanntlich $e = f$.

Aufgabe 8.3.6: Aus $e = f$ folgt aus den Formeln (2) und (3) nach Vereinfachung $ad + bc = ab + cd$ und hieraus $(a - c)(b - d) = 0$, also $a = c$ oder $b = d$.
Ohne Beschränkung der Allgemeinheit sei $b = d$. Die Teildreiecke ABC und ABD des Vierecks sind also nach SSS kongruent. Wieder nach SSS sind damit auch die Dreiecke ACD und BCD kongruent. Aus $\alpha = \beta$ und $\gamma = \delta$ folgt $\alpha + \delta = 180°$ und damit die Parallelität von $\overline{AB}$ und $\overline{CD}$.

Ohne jede Rechnung kommt man zum Ziel, wenn man überlegt, dass die Diagonalen gleich lange Sehnen eines Kreises sind und damit einen gemeinsamen Berührkreis haben. Einfache Kongruenzüberlegungen zeigen, dass die Abschnitte auf den Sehnen je gleich lang sind. (Der Schnittpunkt existiert, da das Sehnenviereck konvex ist.) Damit lässt sich $\overline{AB} \parallel \overline{CD}$ und b = d zeigen.

Aufgabe 8.3.7: Aus Formel (2) schließt man Schritt für Schritt auf $\cos\beta + \cos\delta = 0$ zurück. Wegen $\cos\beta = -\cos(180° - \beta)$ folgt hieraus $\cos\delta = \cos(180° - \beta)$. Wegen der Konvexität gilt $\beta < 180°$ und $\delta < 180°$, also $0° < 180° - \delta < 180°$. Damit ergibt sich $\delta = 180° - \beta$, also $\beta + \delta = 180°$.

Aufgabe 8.3.8: Nach Aufgabe 8.3.7 ist zu zeigen, dass man ein Gelenkviereck immer in eine Form bringen kann, bei der die Länge e der Diagonalen $\overline{AC}$ die Formel (2) erfüllt. Dies ist genau dann möglich, wenn die Teildreiecke ABC bzw. CDA mit den Seitenlängen a, b, e bzw. c, d, e existieren. Dies wieder ist genau dann der Fall, wenn jeweils die Dreiecksungleichungen erfüllt sind.
Der algebraische Nachweis war nicht verlangt. Für die Ungleichung a + b > e soll er gezeigt werden: Die Ungleichung ist gleichwertig mit $(a + b)^2 > e^2$, also mit
$(ab + cd)(a + b)^2 > (ac + bd)(ad + bc)$.
Nach Ausmultiplizieren und Vereinfachen erhält man als gleichwertige Ungleichungen
$a^2 + 2ab + b^2 > c^2 - 2cd + d^2$
$(a + b)^2 > (c - d)^2$
$(a + b)^2 - (c - d)^2 > 0$
$(a + b + c - d)(a + b - c + d) > 0$
Für jedes Viereck gilt a + b + c > d und a + b + d > c, so dass diese Ungleichung erfüllt ist.
Der Nachweis der anderen Ungleichungen verläuft analog.

Aufgabe 8.3.9: Fig. 5.3.4 zu Aufgabe 5.3.4 zeigt drei Sehnenvierecke. Ihre Seitenzyklen sind (a, b, c, d); (a, c, d, b); (a, c, b, d).
Mehr Sehnenvierecke gibt es nicht, denn jeder Seitenzyklus steht für 8 Seitenzyklen, so dass damit die 4! = 24 Permutationen erschöpft sind; vgl. Aufgabe 5.1.1.
Die Diagonalenlängen des zweiten Vierecks erhält man, indem man in den Formeln (2) und (3) b, c, d durch c, d, b ersetzt, und hieraus die des dritten Vierecks durch Vertauschen von b und c.
Mit den Abkürzungen p = ab + cd; q = ac + bd; r = ad + bc ergibt sich

Viereck 1: $e_1 = \sqrt{\dfrac{qr}{p}}$; $f_1 = \sqrt{\dfrac{pq}{r}}$

Viereck 2: $e_2 = \sqrt{\dfrac{pr}{q}}$; $f_2 = \sqrt{\dfrac{qr}{p}}$

Viereck 3: $e_3 = \sqrt{\dfrac{pq}{r}}$; $f_3 = \sqrt{\dfrac{pr}{q}}$

Man erkennt: $f_2 = e_1$; $f_3 = e_2$; $f_1 = e_3$

Statt sechs gibt es also nur drei (i. a.) verschiedene Diagonalenlängen.
Dieses Ergebnis war nach Aufgabe 5.3.4 zu erwarten.
b) $e_1 = 260$; $f_1 = 323$; $e_2 = 315$

Aufgabe 8.3.10: Die Dreiecke CDE und BDA stimmen nach Konstruktion in den Winkeln bei D und nach dem Umfangswinkelsatz in den Winkeln bei B und C überein. Sie sind also zueinander ähnlich. Das ergibt e_2:c = a:f.
Nach Konstruktion gilt
$\angle ADE = \angle ADB + \angle BDE = \angle EDC + \angle BDE = \angle BDC$.
Daher stimmen auch ΔEDA und ΔCDB in zwei Winkeln überein, nämlich in den Winkeln bei D und den Winkeln bei A und B. Es gilt also $\Delta EDA \sim \Delta CDB$ und hiermit e_1:d = b:f.
Aus den Gleichheiten der Streckenverhältnisse ergibt sich $e_2 \cdot f$ = ac und $e_1 \cdot f$ = bd. Damit erhält man die PTOLEMAIOS-Formel ef = $(e_1 + e_2)f$ = ac + bd.
Gilt $\angle ADB > \angle BDC$, trägt man $\angle BDC$ am Endpunkt D der Seite $\overline{DA}$ an und schließt analog wie oben.
Gilt $\angle ADB = \angle BDC$, fällt E auf den Diagonalenschnittpunkt. Die Ähnlichkeiten bleiben bestehen.

Aufgabe 8.3.11: a) Wie in Aufgabe 8.3.10 erhält man $e_2 \cdot f$ = ac und $e_1 \cdot f$ = bd. Liegt E nicht auf der Diagonalen $\overline{AC}$, gilt nach der Dreiecksungleichung e < $e_1 + e_2$. Damit ergibt sich ef < ac + bd.
b) Liegt E auf der Diagonalen $\overline{AC}$, gilt $\angle DCA = \angle DCE$, also $\angle DBA = \angle DCA$. Damit erscheinen B und C von $\overline{AD}$ aus unter gleichen Winkeln. Nach der Umkehrung des Umfangswinkelsatzes ist ABCD daher ein Sehnenviereck.
c) Aus Satz 8.3.1 und Aussage b) folgt, dass ef = ac + bd genau für das Sehnenviereck gilt. Mit Aussage a) zusammengefasst ergibt dies den verschärften Satz des PTOLEMAIOS:
Für jedes Viereck gilt ef ≤ ac + bd, und Gleichheit gilt genau für das Sehnenviereck.

Aufgabe 8.3.12: Die Gleichung ef = ac + bd ist erfüllt. Die Diagonalen eines Sehnenvierecks mit gegebenen Seiten sind aber durch die Formeln (2) und (3) bestimmt. Aus (2) ergibt sich e = 12,7 cm im Widerspruch zur Angabe. Die Aussage ist also falsch.
Auch für ein beliebiges Viereck kann man nicht vier Seitenlängen und zwei Diagonalenlängen vorgeben. Schon nach Vorgabe der Seitenlängen und einer Diagonalenlänge sind höchstens zwei Vierecksformen möglich, nämlich eine konvexe und eine nicht-konvexe. Für die Länge f der zweiten Diagonale gibt es also nur zwei Möglichkeiten. Ist das Viereck kein Sehnenviereck, so fällt der Wert von f immer so aus, dass ef < ac + bd gilt.

Aufgabe 8.3.13: a) Formel (2) ist erfüllt; das Viereck ist ein Sehnenviereck.
b) Die größte Seitenlänge der Dreiecke ABC und CDA ist e. Es gilt e < a + b und e < c + d, so dass die Dreiecke konstruierbar sind, also auch das Viereck ABCD. Wäre ABCD ein Sehnenviereck, ergäbe sich $e^2 = \dfrac{326 \cdot 334}{341}$. Es soll aber $e^2 = 324$ gelten. Wegen $324 \cdot 341 \neq 326 \cdot 334$ ist Formel (2) nicht erfüllt; das Viereck ist kein Sehnenviereck.

Die Rechnung ist bewusst so angelegt, dass nur natürliche Zahlen benutzt werden. Man

kann natürlich auch die Näherungsrechnung $\sqrt{\dfrac{326 \cdot 334}{342}} \approx 17{,}87$ ausführen und sich dar-

auf verlassen, dass der Taschenrechner genau genug arbeitet.

c) Die Teildreiecke ABC und BCD sind konstruierbar, also auch das Viereck. Unter der

Annahme, es sei ein Sehnenviereck, ergibt sich d $= \dfrac{ef - ac}{b} = 12$. Einsetzen in Formel (2)

liefert $e^2 = \dfrac{143 \cdot 123}{129}$. Schon daran, dass dieser Bruch keine natürliche Zahl ist, erkennt

man, dass ein Widerspruch zur Vorgabe e = 11 entsteht.

Mühsamer ist es, die Seitenlänge d ohne die obige (widerlegte!) Annahme zu berechnen. Die Dreiecke ABC und BCD sind durch ihre drei Seiten gegeben. Nach dem Kosinussatz kann man ihre Winkel bei B genähert berechnen (99,59°; 30,80°) und den dortigen Winkel des Dreiecks ABD als Differenz ermitteln (68,79°). Wieder nach dem Kosinussatz für das Dreieck ABD berechnet man d und erhält d = 12,12. Damit ergibt sich genähert ac + bd = 144,1. Mit ef = 143 erkennt man, sich auf den Taschenrechner verlassend, dass ef < ac + bd gilt. Das Viereck ist also kein Sehnenviereck.

d) Wegen f > b + c existiert das Dreieck BCD nicht und damit auch nicht das Viereck ABCD.

Aufgabe 8.4.1: a) A = 30,6 cm^2 b) A = 35,5 cm^2
Beide Werte sind gerundet.

Aufgabe 8.4.2:
a) Kosinussatz: c = 6,09 cm; A = 14,5 cm^2 b) a = 11,79 cm; A = 16,1 cm^2
Die Werte sind gerundet.

Aufgabe 8.4.3: a) A = 66 cm^2 b) A = 72 cm^2

Aufgabe 8.4.4: $s - a = \dfrac{a}{2}$; $A = \dfrac{1}{4} a^2 \sqrt{3}$

Aufgabe 8.4.5: Es ist günstig, a < b < c anzunehmen und b als Variable zu benutzen.

Also: a = b – 1, c = b + 1

Es soll gelten: s(s – a)(s – b)(s – c) = 84^2: Einsetzen von $s = \dfrac{1}{2}(a + b + c) = \dfrac{3}{2}b$ ergibt die

Gleichung $\dfrac{3}{16}b(b+2)b(b-2) = 84^2$, vereinfacht $b^2(b^2 - 4) = 37632$.

Diese quadratische Gleichung für b^2 hat die positive Lösung b^2 = 196 = 14^2. Die Seitenlängen sind also 13; 14; 15.

Wählt man a als Variable, erhält man die Gleichung (a + 1)(a + 3)(a + 1)(a – 1) = 37632, also

$a^4 + 4a^3 + 2a^2 - 4a - 3 = 37632$; $a(a^3 + 4a^2 + 2a - 4) = 37635$

Soll a eine natürliche Zahl sein, muss a ein Teiler von 37635 sein. Die Primfaktorzerlegung dieser Zahl ist $37635 = 3 \cdot 5 \cdot 13 \cdot 193$. Schon einer kleinsten Teiler dieser Zahl, nämlich a = 13, ist die Lösung.

Aufgabe 8.4.6: Erster Lösungsweg
Flächeninhalt des Dreiecks ABD:

$$s = 56; \quad A_{ABD} = \sqrt{56 \cdot 6 \cdot 15 \cdot 35} = \sqrt{2^4 \cdot 3^2 \cdot 5^2 \cdot 7^2} = 420$$

Erst die Primfaktorzerlegung des Radikanden sichert, dass das Ergebnis natürlichzahlig ist.
Flächeninhalt A des Parallelogramms: $A = 2A_{ABD} = 840$
Berechnung von $e = |AC|$ aus dem zu Dreieck ABD flächengleichen Dreieck ABC:

$$b = d = 41; \quad s = \frac{1}{2}(e + 91); \quad s - a = \frac{1}{2}(e - 9); \quad s - b = \frac{1}{2}(e + 9); \quad s - e = \frac{1}{2}(91 - e)$$

$$(e + 91)(e - 9)(e + 9)(91 - e) = 16 \cdot 420^2$$
$$(e^2 - 91^2)(e^2 - 9^2) = -16 \cdot 420^2$$
$$e^4 - 8362e^2 + 3493161 = 0.$$

Die Lösungen dieser biquadratischen Gleichung sind

$$e_{1,2} = \pm\sqrt{7921} = \pm 89 \quad \text{und} \quad e_{3,4} = \pm\sqrt{441} = \pm 21.$$

Die negativen Lösungen entfallen. Die Lösung $e_3 = 21$ entfällt ebenfalls, denn ein Parallelogramm mit gleichlangen Diagonalen ist ein Rechteck, und es müsste dann $a^2 + b^2 = f^2$ gelten, was nicht zutrifft. Die einzige Lösung ist also e = 89.

Zweiter Lösungsweg
Anwenden des Kosinussatzes auf das Dreieck ABD
Exakte Rechnung bedeutet: Winkel nicht ausrechnen, sondern die Kosinuswerte als Brüche stehen lassen.

$$\cos\alpha = \frac{50^2 + 41^2 - 21^2}{2 \cdot 50 \cdot 41} = \frac{3740}{4100}$$

$$h_a^2 = d^2 \sin^2\alpha = d^2(1 - \cos^2\alpha) = 41^2 \cdot \frac{4100^2 - 3740^2}{4100^2} = \frac{1680^2}{100^2}$$

$h_a = 16{,}8; \quad A = 840$

Die Berechnung von A ist schwieriger als beim ersten Lösungsweg. Dagegen lässt sich mit dem Kosinussatz e leichter berechnen:
$$e^2 = a^2 + b^2 - 2ab \cdot \cos\beta = a^2 + b^2 + 2ab \cdot \cos\alpha = 50^2 + 41^2 + 3740 = 7921$$
$$e = 89$$

Aufgabe 8.4.7:
a) $s = pr(ps + qr); \quad s - a = ps(pr - qs); \quad s - b = qr(pr - qs); \quad s - c = qs(ps + qr)$
$A = pqrs(ps + qr)(pr - qs)$
Die Bedingung pr > qs sichert c > 0 und $A^2 > 0$.

b)
(1) $p = 4; q = 1; r = 3; s = 1: a = 40; b = 51; c = 77; A = 924$
(2) $p = 2; q = 1; r = 2; s = 1: a = 10; b = 10; c = 12; A = 48$

Beispiel (2) zeigt, dass heronische Dreiecke auch gleichschenklig sein können. Es zeigt weiterhin, dass sich für a, b, c auch Werte ergeben können, die nicht teilerfremd sind.

Auch das mit dem Faktor $\frac{1}{2}$ verkleinerte Dreieck mit a = 5; b = 5; c = 6 ist heronisch.

Man überzeugt sich leicht, dass es keine natürlichen Zahlen p, q, r, s gibt, die auf diese Seitenlängen führen.

(3) p = 2; q = 1; r = 3; s = 2: a = 26; b = 30; c = 28; A = 336

Wieder sind a, b und c nicht teilerfremd. Das verkleinerte Dreieck mit a = 13; b = 15; c = 14 ist ebenfalls heronisch. Es kam in Aufgabe 8.4.5 vor.

Es ist schwierig, von einem gegebenen heronischen Dreieck rückwärts auf die Werte von p, q, r, s zu schließen. Das Dreieck aus Aufgabe 8.4.3 a) beispielsweise ergibt sich für p = 11; q = 3; r = 3; s = 1, wenn man die Seitenlängen a = 330; b = 390; c = 600 durch ggT(a, b, c) = 30 dividiert.

c) $a = 2pq$; $b = p^2 + q^2$; $c = p^2 - q^2$, wobei die Bedingung pr > qs in p > q übergeht.

Wegen $b - a = (p - q)^2 > 0$ und $b - c = 2q^2 > 0$ kann nur b die Hypotenusenlänge sein.

Man bestätigt: $a^2 + c^2 = b^2$

Es gilt $s = p(p + q)$; $s - a = p(p - q)$; $s - b = q(p - q)$; $s - c = q(p + q)$ und damit, wie zu erwarten war, $A = pq(p^2 - q^2) = \frac{1}{2}ac$.

Beispiele für pythagoreische Dreiecke

p	q	a	c	b
2	1	4	2	5
3	2	12	5	13
4	1	8	15	17
5	2	20	21	29

Aufgabe 8.4.8: a) s = 21 cm; A = 42 cm²; ρ = 2 cm

b) Die Berührradien des Inkreises zerlegen das Dreieck in Teildreiecke mit den Grundlinien a, b, c und der Höhe ρ. Damit: $A = \frac{1}{2}(a + b + c)\rho = s\rho$

$$\rho = \frac{A}{s} = \frac{\sqrt{s(s-a)(s-b)(s-c)}}{s} = \sqrt{\frac{(s-a)(s-b)(s-c)}{s}}$$

Aufgabe 8.4.9: a) Erweiterter Sinussatz:

$$\frac{\sin\alpha}{a} = \frac{1}{2r}; \quad r = \frac{a}{2\sin\alpha}$$

$$r^2 = \frac{a^2}{4\sin^2\alpha} = \frac{a^2}{4(1-\cos^2\alpha)}$$

Der Nenner wird mit Hilfe des Kosinussatzes umgeformt:

$$4(1-\cos^2\alpha) = 4 - \frac{(b^2+c^2-a^2)^2}{b^2c^2} = \frac{1}{b^2c^2}\left(4b^2c^2 - (b^2+c^2-a^2)^2\right)$$

Der Klammerausdruck lässt zu $16A^2$ umformen, vgl. die Herleitung der Formel von HERON.

Man erhält $4\left(1-\cos^2\alpha\right) = \dfrac{16A^2}{b^2c^2}$ und damit $r = \dfrac{abc}{4A}$.

b) $A = 20{,}7\ \text{cm}^2$; $r = 5{,}1\ \text{cm}$ (gerundet)

Aufgabe 8.5.1: $p = ab + cd$, $q = ac + bd$, $r = ad + bc$

	A	p	q	r	e	f	g
a)	234	585	500	468	20	25	23,4
b)	78 588	211 751	174 600	157 176	360	485	436,6
c)	108	234	225	234	15	15	15,6
d)	2 883 294	9 613 080	5 842 152	5 859 135	1887	3096	3105

Aufgabe 8.5.2: Mit $a = c$ und $b = d$ ergibt sich $s = a + b$, also $A = \sqrt{baba} = ab$.

Aufgabe 8.5.3: a) Das Trapez ist aus drei gleichseitigen Dreiecken zusammengesetzt. Die Spiegelungen führen das Trapez in sich über.

b) $s = \dfrac{5}{2}c$; $A = \sqrt{\dfrac{1}{2}c \cdot \left(\dfrac{3}{2}c\right)^3} = \dfrac{3}{4}\sqrt{3}\,c^2$

Bestätigung: Der Flächeninhalt ist das Dreifache des Flächeninhalts des gleichseitigen Dreiecks mit Seitenlänge c.

Aufgabe 8.5.4: Nach dem verschärftem Satz von PTOLEMAIOS gilt für Vierecke, die keine Sehnenvierecke sind, $ef < ac + bd$.

Statt (*) gilt also $16A^2 < 4(ac+bd)^2 - 4e^2f^2\cos^2\varphi$. Die weitere Umformung verläuft wie im Beweis des Satzes. Damit kann man den Satz von BRAHMAGUPTA folgendermaßen verschärfen:

Für jedes Viereck gilt $A \le \sqrt{(s-a)(s-b)(s-c)(s-d)}$, und Gleichheit gilt nur für das Sehnenviereck.

Dieser Satz lässt sich so verstehen: Bei gegebenen Seitenlängen hat dasjenige Viereck den größten Flächeninhalt ein, das "am rundesten" ist, also einen Umkreis hat.

Aufgabe 8.5.5: a) Wäre das Viereck ein Sehnenviereck, so ergäbe sich mit $s = 280$ der Flächeninhalt

$A' = \sqrt{77 \cdot 143 \cdot 221 \cdot 119} = 17017$. Wegen $A < A'$ ist das angegebene Viereck kein Sehnenviereck.

b) Der maximale Flächeninhalt eines Vierecks mit den gegebenen Seitenlängen ist

$A' = \sqrt{13728} < 117{,}2$. Das angebliche Viereck existiert nicht, denn es gilt $A > A'$.

Aufgabe 8.5.6: a) $s = 88$; $a^* = 49$; $b^* = 63$; $c^* = 36$; $d^* = 28$; $s^* = 88 = s$
$p = ab + cd = 4095$; $p^* = a^*b^* + c^*d^* = 4095 = p$
$q = ac + bd = 3528$; $q^* = q$
$r = ad + bc = 3640$; $r^* = r$

Damit ist ohne weitere Rechnung klar: e* = e; f* = f; g* = g (vgl. Aufgabe 8.5.1 und 8.3.9)

e = 56; f = 63; g = 65

b) Konstruktion z. B. mit
LE 1 mm (siehe Figur)

c) Es geht darum, ob a*, b*,
c*, d* positiv sind und ob
die Vierecksungleichungen
a* + b* + c* > d* usw.
erfüllt sind.

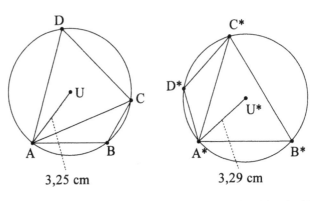

3,25 cm   3,29 cm

Positivität: Es gilt 2a* = 2s
− 2a = a + b + c + d − 2a = b
+ c + d − a.

Der letzte Ausdruck ist positiv, da V ein Viereck ist. Analog schließt man für b*, c*, d*.
Vierecksungleichung:

$$a* + b* + c* − d* = 3s − (a + b + c) − (s − d) = 2s − (a + b + c) + d$$
$$= 2s − (a + b + c + d) + 2d = 2d > 0$$

Analog gilt a* + b* − c* + d* = 2c; a* − b* + c* + d* = 2b; − a* + b* + c* + d* = 2a.

d) 2s* = a* + b* + c* + d* = 4s − (a + b + c +d) = 2s, also s* = s

e) $p* = a*b* + c*d* = (s − a)(s − b) + (s − c)(s − d)$
$$= 2s^2 − s(a + b + c + d) + ab + cd = 2s^2 − 2s^2 + p$$
$$= p$$
Analog: q* = q; r* = r
Damit gilt allgemein e* = e; f* = f; g* = g.

f) s = 1440; a* = 425; b* = 1092; c* = 663; d* = 700
p = 928 200; q = 1 046 175; r = 1 021 496
e = e* = 1073; f = f* = 975; g = g* = 952

$$A = \sqrt{a*b*c*d*} = 464\ 100$$

$$A* = \sqrt{abcd} = 450\ 660$$

Die Ganzzahligkeit aller Größen ist natürlich ein "glücklicher Zufall".

Literatur

AGRICOLA, I. und FRIEDRICH, T.: Elementargeometrie. Wiesbaden: Vieweg+Teubner, 2008.

BAPTIST, P.: Die Entwicklung der neueren Dreiecksgeometrie. Mannheim u. a.: BI, 1992.

COXETER, H. S. M. und GREITZER, S. L.: Zeitlose Geometrie. Stuttgart: Klett, 1983.

HAJÓS, G.: Einführung in die Geometrie. Leipzig: Teubner, 1983.

HILBERT, D.: Grundlagen der Geometrie. 14. Aufl. Stuttgart: Teubner 1999.

HOLLAND, G.: Geometrie für Lehrer und Studenten. Band 1; Band 2. Hannover: Schroedel 1974; 1977.

HOLLAND, G.: Geometrie in der Sekundarstufe. Mannheim: BI, 1988.

KIRSCHE, P.: Einführung in die Abbildungsgeometrie. Stuttgart, Leipzig: Teubner, 2006.

KOECHER, M. und KRIEG, A: Ebene Geometrie. Berlin u. a.: Springer, 2007.

MAINZER, K.: Geschichte der Geometrie. Mannheim u. a.: BI, 1980.

MITSCHKA, A. und STREHL, R.: Einführung in die Geometrie. Freiburg: Herder 1975.

MÜLLER-PHILIPP, S. und GORSKI, H.-J.: Leitfaden Geometrie. Wiesbaden: Vieweg+Teubner, 2008.

SCHEID, H. und SCHWARZ, W: Elemente der Geometrie. Heidelberg: Spektrum, 2006.

SCHUPP, H.: Elementargeometrie. Paderborn: Schöningh, 1977.

STEIN, M.: Geometrie. Heidelberg: Spektrum, 1999.

Namen- und Sachverzeichnis